BBC專家為你解答

全球新聞
背後的科學

REALITY CHECK:
SCIENCE BEHIND THE GLOBAL NEWS

CONTENTS

CHAPTER 1 健康與醫學

◆ 一天一餐對於減重是否有效？   6

◆ 只吃肉是否對健康有益？   9

◆ 植物肉對健康和環境都更好？   13

◆ 我的超級下一餐在哪裡？   17

◆ 討厭食物是習得或是基因？   20

◆ 可以用藥物和運動對付腰間肉嗎？   23

◆ 防曬乳該怎麼選？   27

◆ 對皮膚微生物友善的護膚品有用嗎？   31

◆ 睪固酮是女性更年期妙藥嗎？   35

◆ 愛與親密關係：人類的性生活頻率是否在下滑？   39

◆ 神祕的哈瓦那綜合症從何而來？   42

◆ 偏頭痛新療法是否有助於減輕數百萬人的痛苦？   45

◆ 真菌感染會讓我們全都變成殭屍嗎？   48

◆ 生活成本：家裡太冷讓人較易生病   53

◆ 封城影響了我們的記憶力   57

◆ 電療真的有效嗎？   60

◆ 如何預防及治療蜱蟲叮咬   63

CHAPTER 2 心理與社會

◆ 晨型人 vs 夜貓族：早起真的比較快樂嗎？　　68

◆ 是否該刻意追求幸福？　　72

◆ 是什麼讓病態說謊者愛說謊？　　75

◆ 如何擁抱中年危機？　　78

◆ 新手奶爸也會罹患產後憂鬱症　　82

◆ 大我世代來臨，自戀正在崛起？　　85

◆ 何謂高敏感？害羞就等於內向嗎？　　88

◆ 如何克服社交焦慮？　　92

◆ 如何辨識有害關係？　　95

◆ 為何毛孩去世跟失去家人一樣令人心碎？　　98

◆ 如何協助菁英體育選手保持良好心理狀況？　　102

◆ 孤獨感已成現代社會常態　　105

◆ 名流為何總愛怪異風潮？　　109

CHAPTER **3** **科技與環境**

◆ 繽紛的行人穿越道：馬路不再如虎口？　　114

◆ 保護電腦 3C 裝置的更好密碼　　118

◆ 心靈控制科技可能成真嗎？　　122

◆ 如何減少寵物的碳足跡？　　125

◆ 為什麼大象這種代表性的非洲動物
　正逐漸失去長長的象牙？　　129

◆ 英國政府的氫氣能源計畫是否有助於達到零碳排？　　132

◆ 越來越多的電動車廢電池該何去何從　　136

◆ 50 度高溫是否會成新常態？　　140

◆ 老舊的太空船會砸中我嗎？　　143

◆ 歐洲太空總署計畫在太空中發電　　146

◆ 火星岩石樣本會汙染地球嗎？　　149

◆ 致命小行星到底有多危險？　　152

◆ 外星人？哈佛教授直言「真相就藏在那宇宙裡」　　156

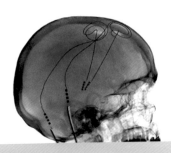

CHAPTER **1**

健康與醫學

一天一餐對於減重是否有效？

一天只吃一餐是否是保持苗條的祕密，或者只是限制進食？

社會總是掀起一波又一波關於名人飲食的跟風浪潮。「一天一餐」（one meal a day，簡稱為 OMAD）是其中之一，據說酷玩樂團（Coldplay）主唱克里斯・馬汀（Chris Martin），甚至是英國首相里希・蘇納克（Rishi Sunak）都喜歡這種飲食。但這是否有科學根據？

OMAD 是一種極端的斷食飲食模式。顧名思義，它是指一天只吃一次大餐，其他時間都禁食，或者只吃很少量的食物。這種飲食的關鍵在於控制體重與簡化飲食。

從演化的觀點來看，人類更適合低頻飲食其實是有道理的。這個理論基於我們的祖先經常在大快朵頤與滴水不進之間循環，而非如今天的一日三餐。雖然禁食本身並不是什麼新玩意，但關於它對健康的研究依舊還在初始階段，有關 OMAD 的研究非常少，支持其他斷食模式的證據也未必代表能為這種極端的方法背書。

在某次針對 OMAD 的試驗中，參與者一天只吃一餐或者三餐，攝取的卡路里經過調整，理論上可以維持他們目前的體重。一天吃一餐時，他們的體重以及體脂肪減少，並出現了「代謝彈性」（metabolic flexibility）的特徵（測量脂肪與碳水化合物如何新陳代謝的改變）。但是參與者的肌肉與骨質都下降，這表示只著重於體重減輕會忽視這種飲食的潛在缺點。

重要的是，這個研究的結果無法一體適用到任何人身上。該

研究的參與者全是健康的人，其中沒有人有肥胖、心血管疾病、糖尿病、心理疾病、飲食疾病或者其他新陳代謝的症狀。此外，該試驗規模小、歷時短，只有 11 人在 11 天內保持這種飲食。

OMAD 及其他斷食方法的支持者宣稱，每天吃的這一餐可以吃任何你想吃的東西。但若所有對健康有益的營養素要在一餐內攝取，就需要有高密度的營養素，並平衡纖維素、蛋白質、維生素以及礦物質。補充物可能也對於避免營養不良有所幫助，但是它們缺乏食物所具有的複雜性，這就表示其他健康的必須營養素可能也會缺乏，例如生物活性化合物（bioactive compound）。雖然短期內可以容易看到體重減輕的效果，但可能對於骨骼、消化功能或者其他方面的健康會有長期的影響。

事實上，現在已經有大規模（超過 2.4 萬人）、長時間（超過 15 年）的進食頻率研究發現，無論死因，一天只吃一餐與高死亡率有關，也與心血管疾病有關。觀察性的研究並不能顯示相關性，但將年齡、性別、種族、族群、教育程度、收入、抽煙習慣、飲酒習慣、運動習慣、能量攝入、食品安全、吃零食的習慣以及研究初期的健康狀況都納入考量時，依舊可以發現這種結果。

食物在生活中扮演的其他角色也很重要。食物並非只是卡路里以及營養素，而是我們文化、社

將保持健康所需的營養素全部擠進一餐，讓它好吃又方便烹調是很困難的。

會、名氣以及生活快樂的一環。尚未有紀錄指出 OMAD 會在社會與情緒方面造成什麼樣的結果，但是有資料顯示限制飲食會有很嚴重的心理後果。

名人風潮的報導是假科學與假新聞在健康與美容產業中傳播的原因之一。要全面查核文章的事實，與提到名人如何嚴格遵守這些飲食之少數細節的資源有限，而且一般人也無法得知他們除了外表以外的真實健康狀況。要記住：任何資訊的分享都是有選擇性的，而且為了故事需求，事實可以被省略。只要名人飲食的故事能夠成為「點擊率」的來源，這些故事都會充滿騙點閱的內容，極端的例子就像是 OMAD。

一般人若考慮 OMAD 或者任何其他的名人飲食法，並不能享有同樣的餘裕，也沒有同樣的支持系統：例如營養師、保母，或者其他各種助理。所以我們並沒有同樣的能力去處理極端斷食潛在的副作用，包括噁心、暈眩、倦怠、易怒以及便祕。名人的生活風格很吸引人正是因為它跟我們的日常生活如此不同。

名人為我們提供許多美好事物，例如電影、音樂、藝術以及運動，但他們並不是最可靠的營養資訊來源。立基於完整營養學知識的官方飲食指南才應該被用來建議一般大眾；並且，合格的健康專業人士例如營養師，才能夠根據你的個人需求給予建議。（陳毅澂譯）

艾瑪・貝克特 Emma Beckett
澳洲紐卡斯爾大學中央海岸校區環境與生命科學學院的資深講師，同時也是澳洲營養研究中心的資深食品與營養科學家

只吃肉是否對健康有益？

社群媒體上掀起一波肉食風潮，支持者宣稱
人類演化到能夠單靠動物性蛋白質維生。

你可能聽過生酮飲食，也聽過史前飲食，但你是否聽過肉食飲食？這種新興飲食風潮將低碳水飲食推到了極致。

肉食飲食禁絕所有植物，只食用動物產生的食物，包括肉類、魚類、動物性脂肪（例如豬油以及酥油）以及低乳醣的奶製品。如此一來，早餐可能就是雞蛋、培根搭配奶油，午餐是肉球淋上起司（不加香草）以及雞胸肉，最後是作為晚餐的烤牛肉與鮭魚。

肉食主義的支持者認為植物毒素，以及植物類食物中殘留的殺蟲劑對健康有害。他們宣稱澱粉類食物是在農業革命以後才成為人類的主食。最後一點，他們也提倡根除所有植物性食物是體重控制與代謝健康的最佳無糖飲食。

肉食主義書籍的作者則多把這種飲食習慣當成解決肥胖問題以及非傳染性慢性病的解答，並經常聲稱幾十年來的營養學研究累積已經能夠提出完美的飲食建議。這些作者大多的論述是智人在演化過程中以捕魚打獵維生，食用植物只是缺乏動物性食物來源時的備案。

如果在長時間內只吃動物來源的食物，會有什麼影響？

尚未有科學證據能夠告訴我們完全不吃植物的飲食型態會帶來什麼影響。唯一找得到的資料來源是個案式的報導以及見證，功效包括更好的體重控制、增進心臟及新陳代謝健康、認知功能更佳、減緩發炎反應，以及增進消化功能與減緩自體免疫疾病。

至於它的副作用則與生酮飲食類似：口臭、便祕、腹瀉、頭痛、脫水等與「酮症」（ketosis）有關的症狀（當身體使用完所有肝糖以及將脂肪分解成酮體作為替代葡萄糖的能量來源）。這些副作用可能會於一個月後隨著身體對飲食的適應而消失。

肉食飲食的營養益處為何？

肉類是絕佳的高品質蛋白、鋅、硒、維生素 D、維生素 B6 和 B12 等營養素的來源。魚類則可以提供高品質蛋白、omega3

脂肪酸、維生素 D、硒以及碘。乳製品也具有高品質的蛋白質、鈣以及維生素 B。

英國官方發布的飲食指南中，推薦了乳製品、瘦肉（每天不超過 70 克的紅肉或加工肉品），以及每星期吃兩份魚（其中一份是油魚類）。然而這項指南也推薦每天至少攝取五份 80 克蔬果，並且其中三分之一是全穀類和高纖澱粉食物。

禁絕所有水果、蔬菜、堅果、種子以及全穀類的肉類飲食意味著不會攝取任何纖維，對於消化道與心臟疾病的長期影響尚未明瞭。事實上，攝取纖維能夠降低心血管疾病、第二型糖尿病以及直腸癌的風險已是全球共識，至於攝取紅肉以及加工肉品則會增加其風險。

隨機控制試驗的證據指出，植物性食物含有豐富的水溶性纖維，可以降低血液的低密度膽固醇，以及三酸甘油脂的濃度，減緩動脈粥樣硬化的進程，這種脂肪病變會破壞並堵塞動脈，造成冠狀動脈心臟病以及中風。相反地，肥肉與奶油會增加低密度膽固醇。植物性食物也含有豐富的鉀、維生素 C、葉酸以及其他微量營養素，這些都對健康至關重要，而且主要都來自蔬果。

此外，我們知道健康的蔬食飲食與多樣化且有益的內臟微生物菌叢樣態有關，從纖維與非營養性生物活性成份當中形成的微生物發酵產物，可能具有抗發炎的功效。

布萊恩‧「肝王」‧約翰遜（Brian 'Liver King' Johnson）宣揚自己的肉類飲食法，稱其為「原始飲食」。

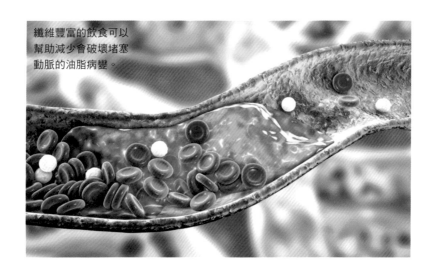

纖維豐富的飲食可以
幫助減少會破壞堵塞
動脈的油脂病變。

肉食飲食有什麼魅力？

　　肉類飲食的支持者經常聲稱只吃肉，或者幾乎只吃動物來源的食物是接近自然的人類飲食，與早期人類歷史的飲食相符。但是生物人類學家會指出，我們大腦、牙齒與小腸的解剖結構顯示人類演化成了能夠利用各種資源且具有彈性的雜食動物，可以適應各種環境，從動植物中滿足營養需求。

　　整體而言，我們必須接受若要在控制氣候變遷的同時滿足人口的營養需求，那麼全球食物生產就必須大幅改革。減少肉類攝取是朝永續、健康的食物系統邁進重要的一環。

　　為了個人的利益，肉食飲食與地球健康的全球使命背道而馳。不管對於健康的預期壽命會有什麼影響，看來肉食終究是一項自私的行為。（陳毅澂譯）

溫迪・霍爾 Wendy Hall
英國倫敦國王學院的營養學家暨出版顧問，研究重點是飲食對心血管疾病和第二型糖尿病風險的影響

植物肉對健康和環境都更好？

從香腸到雞塊，植物性速食的選項現在無奇不有，
但究竟「無肉主義」是否真的能讓人類更健康，
對環境更友善呢？

無論是社群網紅、食品廠商或是速食品牌，各大業者近來爭先恐後投入素食市場，並推出更多、更新穎、更酷炫的純素或素食產品。這個現象的背後並非業者突然良心發現，而是因為嗅到了龐大的素食商機。在氣候變遷、健康和動物福祉三大原因驅使下，許多人紛紛放棄傳統動物肉，轉而投向植物肉的懷抱。

根據英國資料服務（UKDS）的研究指出，英國的純素主義者從 2014 到 2019 年攀升四倍。許多已開發國家也有相同情況，德國柏林的純素連鎖超市維根茲（Veganz）表示，歐洲的素食者從 2016 到 2020 年翻了兩倍，而數據研究公司 Global Data 也指出，美國的純素主義者在同一時期飆升五倍之多。

為了滿足日益增長的素食需求，現代的「假肉」在口感及外觀上已幾可亂真，植物性速食的愛好者也擁有琳瑯滿目的選擇。然而，究竟這些「超加工食品」（ultra-processed food）是否真的對環境及人體友善呢？

衡量問題

我們常聽說對抗氣候變遷最簡單有效的方式就是停止吃肉，尤其紅肉。2019 年一份瑞典的研究報告指出，肉品工業是全球森林砍伐的元凶，因為有 77％的農地是用來豢養牲畜，製造肉品和奶製品，作為肉品來源的牲畜也會吃掉原本有助解決全球飢餓問題的糧食。

根據環保團體綠色和平組織（Greenpeace）的報告，人類將九成的黃豆餵給牲畜，而且，牛隻放屁對全球暖化影響甚大，其中的甲烷帶來的溫室效應是二氧化碳的 28 倍。

除了少數例外，將肉品和奶製品替換成植物性產品能為保護地球盡一份心力。愛爾蘭都柏林三一學院的研究發現，若消費者在點漢堡時選擇以素食取代牛肉，就能減少自己一餐中對氣候和環境高達 96％的破壞。人們雖然會為自己成為牛隻打嗝放屁的幫兇感到良心不安，但有研究指出，即便氣候災難即將來臨，多數人仍無法捨棄對肉食的喜愛。讓多數人「放下屠刀」順利轉型的關鍵其實是健康。

就健康的觀點來看，少吃肉有益健康。美國知名飲食作家麥可‧波倫（Michael Pollan）曾將健康飲食定義為，「吃食物、以植物為主、別吃太多！」無數的科學研究能印證這項簡單的飲食規則：過度攝取肉類跟奶製品會導致肥胖、大腸癌、第二型糖尿病、心血管疾病和失智症。

刺胳針委員會和非政府組織 Eat Forum 合作設計的《地球健康飲食指南》中，提出以「植物性飲食」（plant-based diet）搭配少量的魚肉和乳製品是對人類最健康、對地球最環保的飲食。自古以來，人類幾乎是以蔬菜、葉子、水果、種子、堅果、昆蟲，搭配少量的魚肉維生，因此人類的消化系統和隱藏其中的幾兆微生物都是為分解消化蔬食而生。

不過，純素漢堡肉並不在這理想的行列內。素漢堡肉其實是一塊經加工處理精煉而成的圓餅，含有豌豆蛋白、乳化劑、油脂和實驗室合成澱粉等，外加糖、調味料和大量鹽巴，幾乎可以說跟蔬菜構不著邊。由於植物肉是人類餐桌上數一數二高度加工過的食品，這也讓原本素食飲食的好處大打折扣。

原本爽脆、富含纖維又有益人類腸道健康的蔬菜早在一團假肉被送上生產線前消磨殆盡。因此，人們現在將純素「肉」納入超加工食品的新興類別，認為與攝取紅肉和油炸物一樣，會為健康帶來風險。

比起以往的素漢堡肉和素香腸，現在的植物性速食在口感和味道上更接近真正的肉。

純素速食雖然在道德和環保層面占上風，但不見得對健康更有益處。

生產過程中精煉、碾碎、加熱、冷卻和擠壓的程序，使素肉成為容易消化吞嚥的食品，而且人類長達 7.5 公尺的腸道完全沒有發揮功能的餘地。另外，加工食品中糖分和脂肪進入血液的速度比天生人體機制能應付的還要快，也使胰島素、瘦體素及飢餓素等激素的分泌失控，造成人們因無法滿足飢餓感而吃進更多食物。

但對於重度速食愛好者而言，植物性替代品或許是折衷的辦法。雖然調味通常較鹹，但植物肉含有較低的飽和脂肪和較高的蛋白質含量。一份美國的小型研究發現，36 位肉食主義者將加工肉類產品替換成植物性替代品後，有效降低了血液中的有害膽固醇及其他心血管的不良指數。

但或許最安全的作法是遵照波倫的另一個原則，「不吃含超過五種成分，或你講不出成分的食物。」（王姿云譯）

史都華・費里蒙 Stuart Farrimond
飲食健康作家及主持人

我的超級下一餐在哪裡？

基因編輯能不負眾望，成功創造出「超級食物」嗎？
或許吧……

人們口中的「超級食物」經常被認為有益健康，但是說穿了，這只是行銷噱頭，方便商人以較高的價格販售蔬果，而無實際效益。然而，隨著英國政府准許科學家將基因編輯技術運用於經濟作物，這個情況將面臨重大改變。

常間回文重複序列叢集關聯蛋白（CRISPR/Cas9）或類轉錄活化因子核酸酶（TALEN）等技術能使作物的栽培速度和價格比傳統方法更快、更便宜，爭議性也不如基因改造（GMO）食品那麼大。這是因為，基因改造食品是直接從外部植入整條基因到植物裡，而基因編輯技術能達成較小或特定範圍的改變，利於對現有作物進行細微的調整，進而有機會創造不同特性的食物。

人人都知道蔬果和全麥穀物有益健康，但是多數人攝取的量或種類都不及健康所需的量。對作物進行基因編輯背後的動機之一就是藉由該技術提升特定水果或植物的營養價值，好讓人們更容易擁有健康均衡的飲食。

事實上，許多以這個概念為發想的作物已經問世，像是大豆和芥菜籽，兩者經過基因編輯後，其中一個基因因遭到抑制而能減少反式脂肪的產生。類似例子還有香蕉和米，兩者在編輯後皆富含維生素 A，其他作物則添加了維生素 E、鐵和鋅。之所以調整這些成分是因為許多人的飲食普遍缺乏這些營養。精良的編輯技術意味著人們可以吃得更少，免去想要在份量和種

類達標的苦惱。想像吃下一顆蘋果就能達到一天所需的維生素和礦物質，也能實現「一天一蘋果，醫生遠離我」。

此外，基因編輯的食物來源可能比當前補充營養的方式更為優質，例如保健食品、代餐或營養強化食品。保健食品雖然富含高劑量的維生素，卻無法提供飽足感，或飲食帶來的社交功能，營養液和蛋白奶昔也不行。相同地，強化食物也能將額外的營養注入麵包和奶油等主要食物裡，但這類食物本身就不是健康首選。

以食為藥的概念自古流傳至今，人們不只研究食物中的營養，還有其中的生物活性物質。生物活性物質是一種天然化合物，經常出現在植物裡，雖然並非不可或缺，卻能促進人體健康，包含多酚、短鏈脂肪酸、固醇等，能有效幫助改善發炎、肥胖、心肺健康以及認知能力等。

基因編輯作物雖然打開了「食物療法」的大門，但是必須慎而待之。

基因編輯能開啟食物療法的大門，因為編輯過的食物除了有益身心靈健康外，還能免去被迫在原本可能不健康的食物中加入單一功能性成分的缺點，也能移除食物中可能有害的成分。

　　目前，番茄是基因編輯食物的首波例子。日本研究人員利用基因編輯技術，成功提升了 GABA（γ-氨基丁酸）含量，有助身心和心臟健康，也降低了番茄本身的高草酸特性，有效減少痛風病患發作的可能性。因此，基因編輯技術的商業普及化或許能帶來所謂的「處方籤食物」：結合食物跟個人所需營養成分成為真正的食物醫療。各種造成過敏和不耐症的食物也能透過編輯再度成為菜單。

　　不巧地，越健康的食物通常越難以下嚥，因此將健康的食物改造得更美味能夠促進人們攝取的動力。透過基因編輯技術還能提升甜度、降低苦味，增進風味和香氣。這麼一來就能鼓勵更多人攝取健康的作物，現在已有食品公司正在研發低苦味感的蔬菜以及風味更濃的水果。

　　然而，我們不能只顧著創造高營養成分的食物種類，並預設這樣的食物會自動帶來更多益處。食物中的營養成分、活性成分和其他成分相互作用，有些物質的結合能提升吸收力和其他效用，而有些則剛好相反。科學家必須確保在編輯的過程中不增加額外的熱量，或是移除增進健康的成分，例如苦味的成分特質經常是有益健康的成份來源。相同地，增加營養成分和活性成分可能會影響口感，因此取得平衡是一件重要的課題。

　　對於未來促進健康和提升營養價值上，基因編輯帶來了無數的可能性。由於食物的組成錯縱複雜，科學家必須在每個階段努力持續進行研究，以防做出錯誤的假設。（王姿云譯）

艾瑪・貝克特 Emma Beckett
澳洲新堡大學食物科學資深講師

討厭食物是習得或是基因？

為何你會喜歡某些食物，卻無法忍受其他食物？

某些氣味我們生來就很喜歡。其中之一是甜味，幼年期對甜味的偏好不僅能夠確保嬰孩喜歡母乳的微甜味，基因對甜味的偏好也是一種演化上的適應，讓我們尋找並攝取（當時很稀少）充滿能量與碳水化合物的食物。甜味可能也成為一種安全的訊號，畢竟自然就具有甜味的東西很少具有毒性。

舌頭上的突起物稱為味蕾，也包含數千個基本味覺的受器：苦、酸、鮮（起司、肉類與菇類的厚實豐富味道）、鹹味，以及最近新發現的「油脂味」（oleogustus），描述了脂肪獨特的味道。同樣的，這些味道代表食物的營養與安全。

富含礦物質的食物嘗起來有鹹味。礦物質不僅對於體內酶的活動很重要，神經傳送訊息時會使用鈉離子，因此礦物質對腦部與神經系統維持適當功能至關重要。脂肪跟碳水化合物一樣，是重要的能量來源。鮮味則代表含有胺基酸，這是建構蛋白質的元素，蛋白質可以用於製造並修復細胞與組織，以及生產神經傳導物質。

相反的，我們通常會認為苦味與酸味令人反感，特別是在年幼的時候，這種適應機制具有重要的保護作用，因為這些味道代表毒素。例如，一種稱為生物鹼的苦味化合物具有影響精神的效果。

尼古丁與古柯鹼就屬於這種類別，咖啡因與可可鹼（存在於巧克力中）也是。咸認中毒及其他有害副作用的高風險是嬰孩

對這些味道比成人更加敏感的原因。我們對於苦味的敏感度會隨年齡減退，這就是為何嬰孩無法忍受咖啡的苦味，但是許多成人很喜歡。

其實，成人喜歡咖啡還有其他原因，因為對於食物的偏好不只是因為味道好壞，也與感受有關。如果你常喝咖啡，你可能會對第一口咖啡感到猶豫，過了一陣子，隨著咖啡因傳導到你的大腦，你可能會產生愉悅感，可能是開心了一點或者是專注力提高。所以這些愉悅感與咖啡會產生連結。因此，喜歡咖啡的原因之一是它所帶來的感受。

對於為何我們對食物有好惡之別，還有另外一個線索：心理作用。如果敬愛的祖母在你小時候每次都會烤核桃蛋糕當成你的生日禮物，核桃蛋糕的味道（也許包括蛋糕的質地與烤核桃的香氣）將會讓你產生連帶感，這種感受大多是發生在潛意識中，會帶來美好的回憶與愉悅的感受。就某方面而言，當你成年後每次吃核桃蛋糕，都會引發並釋放神經中的連帶感，代表

對於特定食物的厭惡可能源於強烈的心理連結。

食物的喜悅很大一部分來自回憶。

相反的，如果你第一次吃核桃的時候正好得了流行性感冒之類的，你可能會對核桃產生負面的連結。基本上，你的大腦會將核桃標記為具有風險的食物，光是想到要吃這種食物都很難過。這種厭惡的反應很強大，即使你知道這種食物與生病沒有關聯仍會持續。

那麼，是否有可能改變對食物的偏好呢？某些可以，某些不可以。許多厭惡感是來自心理，但有一些來自基因。例如，如果你討厭香菜並覺得它吃起來像肥皂，很可能你具有一種基因變體，會影響你對香菜中特定天然化學物質的敏感度。但是大多數的厭惡感都如上述是後天獲得的。

許多好惡之間的區別都可以歸結到文化，例如在某些地區，天竺鼠是可愛的家庭寵物，在其他地區則是美味的蛋白質來源。這意味著我們喜好某些食物是因為接觸頻率以及周圍人們的觀點。

如果你有想要克服的食物厭惡（在此申明不是指過敏或難以忍受的食物），透過重複嘗試一點點你討厭的食物，並維持在冷靜放鬆的狀態，你將可以學習如何欣賞這種食物。使用不同方式烹調也會有所幫助。因此，如果你從小討厭水煮甘藍菜芽，試試看切碎並用炒的，或者加上大蒜一起烤。挑戰對食物的信念不失為一種方法，閱讀為何甘藍菜芽對健康有益的文章會幫助你更樂意嘗試，這種意願會幫助你鬆動對於甘藍菜芽的接受程度。

大多數時候，態度轉變與持續嘗試會讓你越來越可以接受你以前厭惡的食物。（陳毅澂譯）

金柏莉・威爾森 Kimberley Wilson
具執照的心理學家，也是營養學碩士

可以用藥物和運動
對付腰間肉嗎？

有沒有辦法輕鬆打擊中年發福？
難道我們終究難以享「瘦」嗎？

為什麼肚子會隨著年紀增長而變大？

　　隨年紀漸長，身體燃燒脂肪的能力也會退化，所以到頭來，就算吃得健康加上運動一輩子，也會越來越難保持身材苗條。我們全身上下都會儲存脂肪，有些在皮膚下方（皮下脂肪），有些則是儲存在內臟周圍（內臟脂肪）。

　　我們可以在腹部捏起來的就是皮下脂肪，此即令人頭痛的游泳圈。但在腹部肌肉下方，也有更深層的內臟脂肪聚集在器官周圍。在脂肪累積到讓小腹突出之前，我們通常都不會注意

到，但內臟脂肪對健康的危害可能比皮下脂肪要大得多。雖然性別也有很大影響，但對於年紀較長的人體而言，內臟脂肪還是特別難以擺脫。

「即使是身材精瘦的健康男女，男性的內臟脂肪仍是女性的兩倍。」美國羅徹斯特大學體脂專家麥可‧詹森博士（Michael Jensen）如此說道，「看看更肥胖的族群，男性絕對是內臟脂肪之王。」

內臟脂肪與其他脂肪有何區別？

幾十年來的科學研究都顯示，過多的內臟脂肪可能與胰島素阻抗和糖尿病等健康問題有關。胰島素是幫助我們維持正常血糖的激素，而胰島素阻抗是糖尿病前期的狀態，此時身體對胰島素的反應較為不良。

然而，詹森表示，我們現在漸漸發現，除非其他的脂肪儲存早已出了差錯，否則身體不太可能儲存過多的內臟脂肪。所以就這方面而言，內臟脂肪也許更像是用來觀察新陳代謝失調的指標。

學者現在也開始研究脂肪組織中基因作用的差異，或許這可以解釋為什麼有些人會產生比別人多的腹部脂肪。英國倫敦國王學院的喬丹娜‧貝爾（Jordana Bell）和科萊特‧克利斯提安森（Colette Christiansen）最近發表了一項研究，使用雙胞胎的數據來了解 DNA 的表觀遺傳變化。這些 DNA 的化學變化是由生活型態所造成，但不會影響基因編碼本身。

克利斯提安森說有證據顯示，表觀遺傳會調節飲食對內臟脂肪的影響。換句話說，你吃的東西可能會啟動讓腰部長大的特定基因。

為什麼脂肪這麼難以擺脫？

目前仍未有清楚解答。詹森說，「有人認為內臟脂肪細胞更頑強，它們的壽命比皮下脂肪細胞更長。」澳洲雪梨大學最近有研究顯示，內臟脂肪細胞可能存在一種獨特的「保存訊號」，這種訊號是由反覆嘗試斷食所觸發。這表示若採取某些飲食法試圖減肥，只會讓腹部更拚命保住脂肪。

有些使用小鼠的研究也有證據指出，脂肪組織裡的免疫細胞可能也是造成腹部脂肪及相關健康問題的幫兇。如果同樣的情況也適用於人類，那麼隨著我們年齡增長，這些免疫細胞就會變得老舊又暴躁，專門堆積在內臟脂肪中，引起發炎，干擾新陳代謝。

我們該怎麼做？

要透過飲食和運動計畫來專攻內臟脂肪並非易事。詹森說，最好的選擇是整體減脂，只要可以產生「能量負平衡」，應該

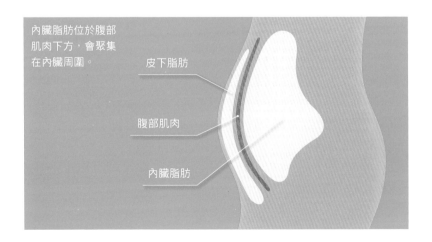

內臟脂肪位於腹部肌肉下方，會聚集在內臟周圍。

皮下脂肪

腹部肌肉

內臟脂肪

就能剷除腹部脂肪（連同其他部位的脂肪）。

有些學者也建議可採取某些策略來專門打擊內臟脂肪。比如說，美國凱旋大學的學者認為，以少量多餐方式來分散脂肪的攝取應該會有所幫助。他們指出，人在吃大餐時，一種名為乳糜微粒（chylomicron）的脂肪輸送分子會卡在靠近腸道的區域，消化後就會儲存於最靠近的脂肪儲存庫，也就是腹部。有趣的是，男性常會產生更多、更大的乳糜微粒，他們認為這在某種程度上可能也解釋了男性為何會累積更多的腹部脂肪。

那麼藥物呢？

目前有一種叫做吡格列酮（pioglitazone）的已知藥物，似乎可間接作用於內臟脂肪，讓脂肪從內臟轉移到皮下儲存，但這種藥物只核准讓糖尿病患者服用。作為克利斯提安森研究的一部分，她希望未來能夠追蹤有望成為大型製藥公司新目標的基因，幫助人們在腹部脂肪威脅到健康之前便先行控制。

「我們是否能夠專攻內臟脂肪？是否能在確實罹患糖尿病前，或出現胰島素阻抗之前解決糖尿病前期？」克利斯提安森拋出問題，「我們能做些什麼來扭轉局勢，讓身體回到正常的代謝狀態？」

重點是，無論廣告怎麼說，現在都沒有任何神奇解方可以消除腹部脂肪。所以在科學找到更多腰間肉的成因之前，我們真正能做的就是加倍控管飲食和好好運動，不然就只能接納自己進入中年後長出的搖擺大肚子了。（黃妤萱譯）

海莉・班奈特 Hayley Bennett
科學作家，居住在英國布里斯托

防曬乳該怎麼選？

英國非營利消費者組織「Which?」日前發布報告，
表示市面上有好幾款「礦物性」防曬乳
無法提供足夠的防曬係數。

在炎熱的夏季，若外出時沒有擦抹防曬乳，即便是在英國這
種高緯度國家，沒幾個小時也會曬得跟龍蝦一樣通紅。

但消費者究竟該選用哪種產品？防曬乳、防曬噴霧，還是防
曬棒？化學性防曬或礦物性防曬？有防曬係數的保溼乳液派得
上用場嗎？

防曬乳包裝上有哪些重要資訊？

購買防曬乳時，首先要檢視防曬係數（SPF）。防曬係數即
是防曬乳針對紫外線 B 光（UVB，指能量較強、波長較短的太

陽紫外線）的防護強度。英國皮膚科醫師協會的布萊恩‧狄菲教授（Brian Diffey）表示，「防曬係數從 2 到 50+ 不等，若要達到足夠的防曬效果，建議使用防曬係數 30 以上的產品。」

除了防曬係數以外，消費者也要確定防曬乳產品上有標示星級評等。星級評等代表的是防曬乳對於紫外線 A 光（UVA，指能量較低、波長較長的紫外線）的保護效果，但星級評等僅計算防曬乳阻隔 UVA 的程度，所以高星級評等加上低防曬係數依舊無法提供足夠防護。

狄菲說，「一般來說，除了陰影和防曬衣物之外，防曬係數達 30，加上四或五顆星的 UVA 防護評等，可以算是不錯的防曬標準。」

防曬產品之間有任何差異嗎？

「只要防曬係數達 30 以上，用量足夠，且每兩小時左右重新擦抹一次，並避免接觸水或大量流汗導致脫落，防曬產品間不應存在重大的防護力差異。」狄菲解釋，「比起防曬產品類型，有沒有正確擦抹更加重要。」

無論選擇防曬噴霧或防曬乳，記得購買防曬係數達 30 以上的產品。

因此，消費者應該挑選自認容易使用的產品。不過據狄菲所言，較容易擦抹均勻的產品感認是防曬乳。

防曬係數是什麼意思？

　　防曬係數意指在正確擦抹防曬產品且未被毛巾或衣物擦去，或者被泳池水或海水沖掉的情況下，特定防曬產品可以延緩太陽曬傷肌膚的時間倍數。

　　理論上來說，防曬係數 30 表示該防曬產品延緩肌膚受曬傷的時間可達 30 倍。但我們很少擦抹足夠的防曬乳，也很少視需要重新補充，因此往往實現不了產品上所宣稱的防曬效果。

　　「大多數人擦防曬乳只用了製造商測試時一半左右的量，導致實際防曬效果僅有包裝上宣稱的三分之一到二分之一。」狄菲說明，「此外，我們常會忽略一些比較難擦到的地方，譬如人們在臉上擦防曬乳時，平均會漏掉 10% 的區域。」但一般建議，就算有擦防曬乳，也不應在陽光下待超過未擦防曬乳所會待的時間。

我可以改用有防曬係數的保溼乳液嗎？

　　面對事實吧！大多數的防曬乳讓人感覺黏膩不適，要是能改用有防曬係數的保溼乳液想必是一大美事。不過，狄菲對此抱持不同意見。

　　英國利物浦大學在 2018 年發表的研究中，利用紫外線攝影探究有防曬係數的保溼乳液能否提供與防曬乳相同的保護力。研究團隊要求受測者塗抹防曬乳或保溼乳液，並用紫外線燈照射，再以僅捕捉紫外線光的相機拍下受測者照片，其中有擦抹

防曬產品的肌膚區塊顯得顏色較深，那是因為紫外線被吸收的緣故。顏色越深，防曬保護力越強。

在照片中，擦抹保溼乳液的肌膚顏色比擦抹傳統防曬乳來得淺，代表保溼乳液雖可提供些許防曬保護，但保護力顯著較低。

團隊還發現很多人擦抹防曬乳時會忘記雙眼周遭的區塊。狄菲補充道，「另外，相較於為休閒用途設計的防曬乳，保溼乳液更不容易附著在肌膚上。」

化學性和礦物性防曬產品有何差別？

所謂「化學性」和「礦物性」是指防曬乳阻隔紫外線光的方式。狄菲說，這基本上就是「有機」和「無機」之別，「有機的防曬乳會吸收紫外線，並轉換為人體感受不到且無害的熱能。而無機的防曬乳不僅會吸收紫外線，還可將部分紫外線散離肌膚。」

化學性防曬乳通常含有氧苯酮等物質，礦物性防曬乳則往往含有氧化鈦和氧化鋅。「消費者比較喜歡有機的防曬乳，因為這種防曬乳較容易均勻擦抹。」狄菲說，「無機的防曬乳通常會在肌膚上留下白色痕跡，若膚色較深的話會特別明顯。」

值得注意的是，Which? 公布的一份報告顯示，市面上有數款要價不斐的礦物性防曬乳並未提供包裝上宣稱的防曬係數，消費者選購時務必當心。

無論消費者最終選擇哪款防曬產品，還是要定時重新擦抹，並且穿著適當衣物、避免在烈日高照時外出活動。（吳侑達譯）

莎拉・瑞格比 Sara Rigby
《BBC Focus》撰稿人，數學物理學碩士

對皮膚微生物友善的
護膚品有用嗎？

到底皮膚上的微生物體有多重要？真的需要好好保護嗎？

在我們出生那一刻，身上就被種下好幾兆個細菌，它們會在皮膚上生活、繁殖，這些細菌統稱為皮膚細菌叢，如果再加上真菌、病毒等其他微生物以及皮膚微環境中的各種物質，則統稱為皮膚微生物體（skin microbiome）。

護膚產品中的化學物質可能會干擾細菌與油脂之間的微妙平衡。

　　每個人的微生物體組成都是獨一無二的，如同指紋。隨著我們在一生中遇見新的人、與環境互動、改變生活方式、年紀漸增等，皮膚微生物體的多樣性和健康狀態也隨之不停變化。

　　「皮膚細菌叢是住在我們皮膚上的天然細菌生態系。」整形醫師兼皮膚專家馬汀・金索拉醫師（Martin Kinsella）說，「它們可以保護皮膚不受病原體傷害，甚至可以說是維持健康免疫系統的基礎。」

　　微生物會以我們天然分泌的鹽分、水和油脂（皮脂）為食，並在皮膚上大量繁殖。當病原體碰上這些生長旺盛的皮膚微生物時，會被排擠而無法在皮膚上定殖（定居繁殖），而且我們的微生物體會製造具有保護作用、能夠對抗其他微生物的化合物和養分。

　　有研究指出，剖腹產的寶寶（在出生過程中不會接觸到陰道的微生物）日後發生過敏和氣喘的機率比較高，暗示著皮膚微生物體具有保護作用。當這層保護力受損或因為出現有害細菌而減弱時，可能會破壞微生物體原本的微妙平衡。依據「皮膚微生物體與健康的老化過程」（SMiHA）網絡提供的資訊，皮膚微生物體失衡與皮膚乾燥、溼疹、痤瘡和乾癬有正相關，英國每年約有 50％人口因微生物體相關的皮膚不適而困擾。

　　金索拉說，「護膚產品中的化學物質可能會干擾細菌與油脂間的微妙平衡，或者影響皮膚天然的酸鹼平衡。」一旦失去平衡，微生物體將無法如以往有效抵抗額外的壞菌，還會惡性循環。以溼疹為例，壞菌造成皮膚發炎，患者抓癢使皮膚進一步受損，導致更多壞菌進駐。

　　護膚品牌 Harborist 的創辦人凱特・波特（Kate Porter）解釋，「目前已知較嚴重的溼疹和乾燥與大量金黃色葡萄球菌有關。有證據顯示，降低金黃色葡萄球菌數量使皮膚微生物體恢

復到較多元的狀態，可以減輕溼疹症狀。不過，到底是微生物體失衡造成皮膚異常，還是皮膚出狀況導致微生物體失衡？」

　　隨著年紀增長，微生物體也會跟著轉變，除了看得見的表面變化：皺紋、黑斑、乾燥，也會影響身體內部。有一派說法是微生物體隨著年齡增長，皮膚對紫外線輻射的保護力也隨之下降，因此比較容易罹患皮膚癌。

　　不過，並不是說微生物體是造成這些病症的唯一因素，遺傳、生活方式等同樣有很大的影響，但破壞皮膚生態系的確是其促成因子之一。然而，就像許多日常用品已知會干擾微生物體一樣，如今也有越來越多品牌推出添加益生質、益生菌和後生元的產品，以抗衡這些干擾。

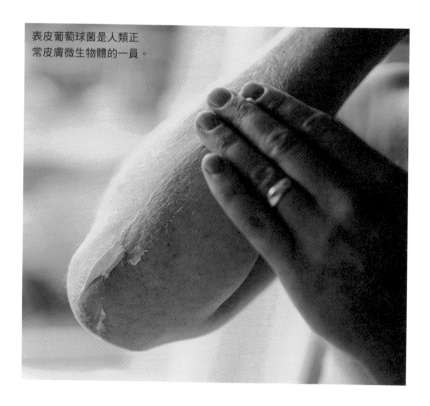

表皮葡萄球菌是人類正常皮膚微生物體的一員。

　　益生菌指的是「友善」的細菌，益生質是可以餵養這些益生菌的養分，後生元則是益生菌代謝益生質之後產生的物質。目前仍不清楚局部使用含益生菌和益生質的護膚品有何效益，主要是因為相關研究還不成熟，而且在護膚品中使用活生生的細菌很難獲得官方認可，不過添加後生元的皮膚用品已經隨處可見。例如市售護膚品中常有的乳酸，就是乳酸桿菌這種益生菌發酵時的副產物。局部塗抹乳酸，可以幫助皮膚保水、鎮靜發紅的皮膚。

　　也有研究正在探討移植微生物叢來治療皮膚問題的可能性。2018 年發表於《臨床研究期刊：觀點》（*JCI Insight*）上的一項研究顯示，將異位性皮膚炎患者皮膚微生物體中的大量金黃色葡萄球菌以黏液玫瑰單胞菌（*Roseomonas mucosa*）取代，可以「顯著降低疾病嚴重度和對外用類固醇的需求」。

　　然而，目前仍然不太了解皮膚微生物體背後的機轉，也有人質疑其影響程度。有些研究證實剖腹產與免疫力低下之間有關連性，然而有些研究卻看不出這樣的關係，或者看似有關係但不具統計顯著性。「我們相信當皮膚健康時，皮膚微生物體也是健康的，然而實際上無法確定。」SMiHA 團隊說。

　　近來有研究指出，皮膚微生物體比腸道微生物體更能準確推測實際年齡，至少可以假設人類身上的微生物體，也許能夠用於評估預期壽命。SMiHA 團隊解釋，「人類皮膚是個絕佳說明微生物體的變化如何影響生物年齡的系統。」

　　SMiHA 團隊總結，「如何區分護膚品對微生物體和對皮膚細胞的作用，讓我們可以明確地說因為調節微生物體使得皮膚更健康，這對科學界而言是相當困難的挑戰。」（賴毓貞譯）

維多莉亞・伍拉斯頓 Victoria Woollaston
生活方式和科技領域的記者和編輯

睪固酮是女性更年期妙藥嗎？

近 10 年來，接受荷爾蒙治療的女性數量成長了 10 倍。

根 據《藥學期刊》（*The Pharmaceutical Journal*）分析的
資料指出，英國在 2015 至 2023 年之間開立給女性的睪
固酮藥物成長了足足 10 倍，顯示出睪固酮成為更年期前期女
性因應各種生理難題的快速解方。然而，目前並無臨床證據顯
示這類療法有效，而且英國也尚未核准女性使用睪固酮。

睪固酮有助於提升停經
後女性的性慾和性喚起，
但似乎無法提供任何認
知或心理上的效益。

更年期前期女性的卵巢本來便會分泌睪固酮，它是女性性器官發育與維護所需的激素，也會影響女性的性行為。除此之外，睪固酮亦對肌肉和骨骼強度以及毛髮生長相當重要，甚至對女性的情緒、幸福感和能量有正面效果。

睪固酮濃度不僅在更年期前期會減少，隨著年齡增長，濃度也會越來越低。至於動手術移除卵巢的人工停經者，體內的睪固酮濃度可能會突然下降，幅度最大可至 50％。不過，女性目前沒有真正稱得上「不足」的睪固酮濃度指數，臨床上也從未定義所謂的「睪固酮缺乏症候群」。

睪固酮這種激素與女性性慾有關，循環程度低會導致性慾減退。根據研究，許多表示性慾喪失的女性（臨床上稱為性慾低下症〔HSDD〕）可受益於睪固酮療法。但性慾是相當複雜的功能，涉及生理、心理和實際執行上的因素，不僅僅是受荷爾蒙掌控而已。

使用睪固酮會改變生理狀態，但人體的睪固酮原本便已常常不太足夠，還有許多影響因素，例如自尊心低落、關係失和、缺乏兩人單獨相處時間，以及服用特定藥物等。

那麼，為何睪固酮療法越來越常見？英國國家健康與照顧卓越研究院和英國更年期學會都建議部分性慾低下的女性可採用睪固酮療法，但前提是要在其他治療方法皆無效果的情況下才使用它，例如雌激素等。換言之，睪固酮療法有其實證基礎，但針對女性使用仍不無爭議。

澳洲蒙納許大學的蘇珊・戴維斯教授（Susan Davis）分析了至今所有關於女性的睪固酮療法研究，其中包括 36 場試驗，受試女性多達 8,480 人。結果發現，相較於安慰劑或雌激素等其他荷爾蒙藥物，停經後的女性使用睪固酮後，性行為頻率確實大幅提升，而且性慾、性喚起、性反應和自我形象皆見改

善。然而，研究並未發現睪固酮療法有益於認知測量、骨骼密度、人體組成、肌肉力量或心理健康。

此外，研究指出睪固酮療法具有副作用，包括粉刺變多及毛髮生長量增加。當然，如果要真正判斷睪固酮療法的功效和風險，還需要更多研究。有鑑於此，英國國家衛生研究院與英國更年期學會已攜手規畫相關臨床試驗。

總歸來說，女性使用睪固酮療法是個複雜的議題，還需要更多研究才能釐清箇中未解之謎。但社群媒體上有不少人正大力宣傳睪固酮療法可以解決更年期前期女性的眾多症狀和問題，例如性慾低下、情緒低落、疲累和注意力不集中等，影響力堪稱巨大。

英國電視節目主持人達維娜・麥考爾（Davina McCall）便在 Instagram 上傳了一部影片，其中是她一邊塗抹睪固酮凝膠，一

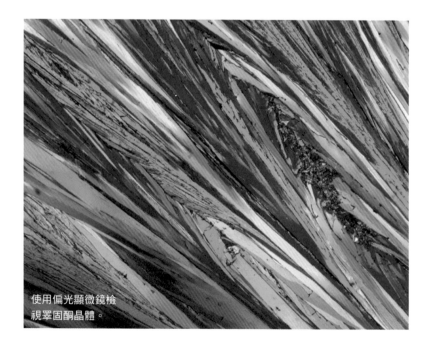

使用偏光顯微鏡檢視睪固酮晶體。

邊大談相關好處，在媒體上引起一股「達維娜效應」。她主持的節目恰好與更年期有關，大大助長了對睪固酮療法的需求。

醫學是講求證據的領域，像是睪固酮療法這種缺乏足夠證據的方案，讓醫師只能憑藉個人意見和經驗分享來判斷，導致前來求醫的女性患者不得不接受可能有危險的療法。名人或任何人的經驗分享不應作為醫療方案是否有效的證據。

開立藥物或治療方案時應由醫師與患者共同做出決定，醫師負責提供必要證據，協助患者做出正確的選擇。此過程不應考慮社群媒體上的個人意見。別忘了，睪固酮為管制藥物，不是超市裡可以隨意購入的物品。換言之，除非有強大證據佐證其療效，否則不該輕易動用。

這個議題牽扯出了一個更大的問題，那就是女性對於非實證療法的期望與接受度正在上升，但女性應該有權享有經過實證的有效療法。

選擇醫療方案時聽信傳聞而非證據，不免貶低了科學資料對女性健康的重要性，而且恰恰點出一個日益嚴重的問題。如果大型製藥業者發現女性僅僅根據傳聞和社群媒體便大肆採用荷爾蒙補充療法，幫助他們業績長紅，或許會導致他們缺乏動力去執行足以證明或否定藥物療效的臨床試驗。如此一來，女性的健康研究和未來治療方案皆將面臨重大風險。（吳侑達譯）

蜜雪兒・格里芬 Michelle Griffin
MFG 健康諮詢公司總監，曾任職英國國民健保署、英格蘭公共衛生署和世界衛生組織（WHO），深耕女性健康領域近 20 年

愛與親密關係：人類的
性生活頻率是否在下滑？

研究指出，成人和青少年的性生活頻率
比起 30 年前大幅下降，但這代表什麼，有何重要性？

根據 2021 年 11 月發表的一項研究，美國的成人和青少年似乎比起前一代的人們，性生活頻率有降低的趨勢。如同常見的其他社會問題，許多人將這項行為改變的罪魁禍首歸咎於手機，但真是如此嗎？

　　該研究依據美國國家性健康與行為調查（NSSHB），比較從 2009 到 2018 年 8,500 位受試者的回答，且該研究結果與英國國家性態度及生活調查（Natsal）收集之超過 30 年的英國民眾性生活資料之結果不謀而合。

　　研究人員發現，人們每週進行性行為的次數有下滑的趨勢：1991 年的受試者平均每月有五次性行為，2000 年降到每月四

許多人認為社群
媒體是性生活減
少的元凶，但這
並非事實。

次，而 2012 年則跌至每月三次。儘管研究人員希望於 2022 至 2023 年間完成研究，第四份問卷卻因新冠肺炎疫情被迫延後。

英國倫敦大學學院 Natsal 負責人蘇瓦希・克里弗頓（Soazig Clifton）說明，「這個現象並非只出現在英國或美國，如果你看看世界各國，會發現其他研究也出現相同的情形，顯示這應該是全球趨勢。」德國研究發現 2005 到 2016 年間，男女的性生活頻率有減少的趨勢，研究人員推估原因有可能是「同居人口比例變少」。但排除同居伴侶的部分後，研究人員仍在三項研究中發現性生活頻率不如以往的現象。

英國 Natsal 與美國 NSSHB 將研究對象分為成人和青少年，都發現兩個族群的性生活頻率有下跌的趨勢。尤其在青少年族群中，美國研究人員發現異性性愛的頻率有相當大的差異：2009 年，14 到 17 歲的青少年有 79 ％表示過去一年內完全沒有性行為，近 10 年後攀升到 89 ％。有人指出這或許跟青少年沉迷社群媒體和電玩遊戲有關，但克里弗頓表示像是 Natsal 與 NSSHB 的觀察性研究無法提供完整解答，「理論上來說，與其和身邊的人進行『人與人的連結』，現在的青少年似乎可能更偏好用 iPad 跟手機與他人進行線上連結。」但也有可能是比起 1990 年代，現代人比較願意分享自己的性生活資訊。

「現代人或許更樂意透露自己的性生活頻率，有統計數據顯示我們資料的報告偏差較少，這與公開談論性愛的風氣息息相關。」然而，這無法成為如此顯著趨勢的唯一解釋。

現代人忙於生活、打電玩或滑手機，進而導致性生活頻率下降是英國 Natsal 小型量化研究的重點。克里弗頓解釋，「研究人員也採訪了中年婦女，他們發現主因是女性生活太忙，根本沒有精力從事性行為。」

但如果忙碌是性生活頻率下降的主因，那麼新冠肺炎封城期

間，人們普遍空閒時間變多時，結果是否一樣？Natsal 研究發現對於同居的人來說，性生活頻率與封城前相去不遠。

「雖然有人說，『被迫同處一室的結果會讓人更常做愛。』但這並非事實，大部分人的性生活沒有多大改變。」克里弗頓說，「然而，非同居者的性生活滿意度和頻率有明顯下滑趨勢，尤其是年輕族群。」

性愛的關鍵顯然是滿意度，不是頻率。疫情之前，研究人員發現人們普遍以為別人的性生活頻率比自己高，而這樣的錯誤認知有可能造成對性生活的不滿。究竟人們的性生活頻率有什麼重要性？

「這是了解社會樣貌、人口健康及行為的重要指標。跟生活其他面向比起來，人們常忽略性行為的重要性。但對於許多人而言，性生活是很重要的一環。」克里弗頓說明。這些研究對於擁有生育率下降等相關問題的國家尤其重要，「性生活頻率下降的國家也開始擔心生育率下降的問題，了解性生活模式和頻率是解決問題的關鍵。」

克里弗頓說，在英國有受試者表示希望能再增加性行為頻率，但對過去一年沒有性生活的受試者來說，這些人卻也沒有對性生活感到不滿。對於伴侶和性生活在維持關係的重要性上，他表示有證據顯示性生活是重質而不重量。

「我們不需要擔心戀愛關係會因性生活而變卦。」有 25％ 正處於交往關係的男女表示自己對於性愛的興趣異於自己的伴侶。克里弗頓表示，媒體沒有真實呈現性生活的樣貌。與其讓人對自己的性生活感到不滿，了解平均數字：一個月三次，或許能讓人對現況感到更加欣慰。（王姿云譯）

艾美‧貝瑞特 Amy Barrett
《BBC Focus》編輯助理

神祕的哈瓦那綜合症
從何而來？

有人認為哈瓦那綜合症是最高機密的生化武器，
但可能只是心理因素所致。

2021年 12 月，一名曾派駐中國廣州的前聯邦調查局（FBI）探員狀告美國政府，宣稱他和家人在廣州突然歷經頭痛、暈眩、流鼻血、記憶喪失和噁心反胃等各種症狀，但美國國務卿和國務院並未嚴肅看待此事。

事實上，早在 2016 年，美國駐古巴大使館便有不少雇員傳出類似症狀，而且症狀出現時往往伴隨某種刺耳聲響以及臉部疼痛。

根據報導，所謂的「哈瓦那綜合症」已經影響美國駐古巴、中國、德國、奧地利、俄羅斯和塞爾維亞等國超過 200 名大使館人員。取決於詢問對象是住在哪裡的誰，這項病症的起因可能是俄羅斯的音波或微波武器，或者也可能是典型的群體性心因性疾病（mass psychogenic illness）。

俄羅斯否認持有足以針對腦部攻擊的聲波武器，但美國國家學院（US NASEM）在 2020 年發表報告指出美國駐外人員所形容的「急性特殊病兆、症狀和觀察」，許多都符合「定向脈衝無線電頻率所帶來的影響」。另外，FBI 在 2021 年 11 月承認曾正式警告員工要注意「異常健康事件」。

不過，聲波武器理論仍有可疑之處。安全專家曾指出，俄羅斯若想研發這些科技，不太可能瞞過西方國家耳目，而且神經學專家也表示，聲波裝置難以僅鎖定腦部進行攻擊。

與此同時，美國加州大學柏克萊分校的研究團隊檢視了在古巴錄下的奇異聲響，最終判斷極有可能是某種當地蟋蟀的求偶聲，而非聲波武器。2018 年，美國賓州大學的團隊替 21 名曾受此神經症狀所苦的前美國駐古巴人員進行大腦斷層掃描，結果沒有顯著異常狀況。

　　如果有人受生理症狀所苦，卻找不出可能生理成因（例如檢測不出感染病毒），而且同時發現密切接觸者也紛紛出現症狀，那麼一大可能原因就是群體性心因性疾病，意即人們自身的信念導致病症出現，並進一步「感染」他人，引發「大規模傳播事件」。有些專家宣稱這就是哈瓦那綜合症的成因，但這點也不無爭議。

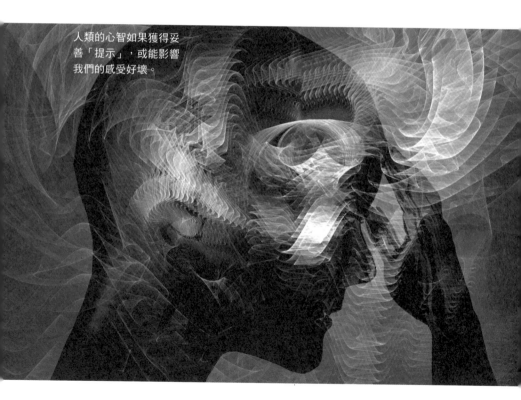

人類的心智如果獲得妥善「提示」，或能影響我們的感受好壞。

群體性心因性疾病有幾項關鍵因素：首先是一群密切接觸者陸續出現相似症狀，再來是這種疾病往往發生在壓力或焦慮感極大的環境，最後是這些患者必須完全沒有已知的生理疾病成因，例如病毒、細菌、毒藥或無比先進的聲波武器等。

值得注意的是，引發心因性疾病的初始因素的確可能是生理疾病，但若要達到群體性傳播爆發的標準，接下來的「感染者」必須僅聽聞過這些病症，並無實際接觸其成因。

這種群體性心因性疾病的現象就是所謂的「反安慰劑效果」（nocebo effect）。在此案例中，「相信某件事情有害」即可能導致真實症狀出現，正如「相信安慰劑有幫助」可以帶來實際療效一樣。「真實」這個字很重要，即使症狀是心理因素所致，並不代表這些症狀不會造成真實的痛苦。

如果這些症狀全是想像所致，或許令人難以相信，但 2006 年有間位在英國南約克郡的學校就發生了這種事：30 多名學童和一位助教突然感到頭暈和噁心，但附近找不到有毒氣體外洩情形，所有學童緊急送醫後數小時也都平安出院。

至於哈瓦那綜合症究竟是不是群體性心因性疾病，目前不得而知，但這項綜合症確實滿足部分或全部的評量標準。許多受影響的駐外探員均在壓力極大的環境下作業，而且彼此互動密切，常常聽說關於類似病症的大小事，不免擔心自己也中標了。因為他們未有明顯生理病因，此時也還無法證實聲波武器存在，那麼群體性心因疾病自然是個不無可能的解釋。（陳毅澂譯）

克里斯提安・傑瑞特 Christian Jarrett
認知神經心理學家和心理學作家

偏頭痛新療法是否有助於
減輕數百萬人的痛苦？

科學家現在對偏頭痛的成因有了更深入的了解，
可望帶來有效的新興療法。

當頭部的三叉神經（一種最主要的痛覺神經）受到刺激時，偏頭痛就會發作。這種刺激的來源難以判定，但有些人發現咖啡因、壓力或睡眠不足都會觸發偏頭痛。三叉神經會傳送化學訊號到大腦周圍的保護層，造成部分保護層的血管擴張。目前認為，擴張的血管，加上深入腦部且與三叉神經連結的神經纖維，是偏頭痛的共同成因。

多虧英國倫敦國王學院的神經學家彼得‧葛斯比（Peter Goadsby）等人，我們現在更加了解負責傳遞訊號的化學傳訊

部分偏頭痛患者會在
症狀發作前，看見盲
點、燈光閃爍或閃光
等視覺「先兆」。

者（chemical messenger）：稱作「抑鈣素相關基因胜肽」
（CGRP）的神經肽分子，此物質現在是新療法的重點。

1990 年代起，人們一直仰賴藥物「翠普登」（Triptans）來
治療偏頭痛。它會鎖定大腦中的血清素受體，據信可限制血
流，並防止大腦釋放與偏頭痛有關的神經肽。不過，我們現在
也開始針對觸發偏頭痛的機制進行研究，過去五年來也陸續有
新藥上市。

預防偏頭痛的一個方法首先是要避免刺激三叉神經。
Erenumab 或 Gepants 等藥物可有效阻絕化學傳訊者（如 CGRP）
與神經產生作用，基本上就是阻斷引發偏頭痛的連鎖反應。

Gepants 似乎是第一種可同時阻止及預防偏頭痛持續發作的
藥物（過去的藥物只會有其中一種效果），而且因為過度使用
並無副作用，所以患者可根據需求來決定劑量。

「我們可以每天、每週修正新療法，這是個突破性概念。」
葛斯比說。他建議患者如果知道自己隔天有重要的事情，就可
以在前一晚先行服藥。

芬蘭赫爾辛基大學的米柯·卡勒拉（Mikko Kallela）表示，
CGRP 抑制劑產生的影響「非常、非常顯著」，約有半數患者

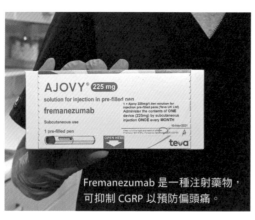

Fremanezumab 是一種注射藥物，
可抑制 CGRP 以預防偏頭痛。

可減少一半的偏頭
痛天數。在普羅大
眾之中，每 100 人
就有 1 到 2 人每月
至少經歷 15 天的
偏頭痛，對這類慢
性偏頭痛患者而
言，藥物的益處也
許能改變人生。

治本療法尚未出現

目前並無完全治癒偏頭痛的已知方法。即使療法方面已有顯著進展，但如何「治癒」仍是大哉問，尤其是我們尚未完全找出其成因。然而，葛斯比表示，目前只要集中精力在偏頭痛的「前驅症狀期」（情緒變化、打哈欠、疲勞等，此階段可能維持數日）， 就能達到更多預防成效。葛斯比解釋，「如果能針對這個階段研發療法，那就能合理認為實際的頭痛發作階段可以被消除。這會是種『在發作惡化前先行阻止發作』的方法。」

另一個不久後可能會扭轉局面的方法是個人化藥物治療。有份 2022 年刊登在《自然遺傳學》（*Nature Genetics*）上的論文研究了 10 萬多位患者，並確定了與偏頭痛相關的 123 個不同基因，其中有 86 個原本為未知基因。「並非所有偏頭痛患者都擁有每一個基因，因此情形很複雜。」參與研究的卡勒拉解釋，「這也非常符合偏頭痛患者對治療的反應方式。」

我們都知道，對某人有效的同一套療法未必對其他人也有效。但隨著我們更深入了解造成偏頭痛的基因組成和分子機制，同時持續研發治療偏頭痛的不同藥物組合，也許能為每位患者量身打造有利的療法。從卡勒拉 2022 年的研究中提取的部分已知基因，正是現有療法的標靶（如 CGRP）。也就是說，或許能夠在 86 個功能未知的基因中挖掘出新的偏頭痛標靶。

然而，由於偏頭痛患者是因為基因而容易患病，因此很難想像可以完全「治癒」他們。卡勒拉表示，若患者停止服藥，可能還是必須重新接受治療，但他對療法的前景仍非常樂觀，「偏頭痛無法治癒，但我們至少可以避免它發作。」（黃妤萱譯）

海莉・班奈特 Hayley Bennett
科學作家，居住在英國布里斯托

真菌感染會讓我們全都變成殭屍嗎？

熱門電視影集中所描述的真菌疫情有多真實？

世界衛生組織（WHO）於日前的報告中宣稱真菌感染對人類的生命安全構成的威脅正日漸加重，對於看過 HBO 電視影集《最後生還者》（*The Last Of Us*）的人來講，這份報告或許會讓他們相當緊張。

但真菌感染的威脅到底有多大？人類面對這個威脅準備得又有多好？

我們應該要擔心真菌感染嗎？

那是一定的。人們忽略真菌感染的問題太久了，這當中的原因包括真菌感染並不算是人類自然會發生的感染，我們對真菌其實免疫力滿好的。

人類的免疫系統相當擅於對抗真菌。問題其實是發生在免疫系統受損的時候，這會造成免疫防線出現漏洞，然後真菌就能進來造成問題。

而在過去半個世紀左右，有免疫系統問題的人變多了。愛滋病疫情就是一個例子。現在有很多人帶著 HIV 病毒過日子，他們非常容易受到真菌感染。另外，有很多用來治療癌症的藥也會有損害免疫系統的副作用，所以我們也開始發現癌症病患的真菌感染案例增加。這樣的問題很麻煩，因為我們面對的是難以治療、臨床狀況複雜的病患。

在《最後生還者》中有一種虛構的蟲草屬真菌突變後，開始將感染的人類變成沒有心智的殭屍，這在現實世界有可能發生嗎？

目前沒有任何證據證明蟲草屬（Cordyceps）真菌會感染人類。這個屬大多會感染昆蟲，其中少數似乎還有辦法以某種方式控制宿主的心智。它們會進入昆蟲的神經系統，然後控制昆蟲的動作。這些真菌非常適應宿主，因此會有一種蟲草屬真菌專門感染一種螞蟻，另一種專門感染一種蚱蜢，依此類推。

這個機制的運作方式目前還不甚明朗，但通常真菌會試著逼迫被感染的昆蟲前往一個可以讓孢子發芽的地方，以便進一步傳播感染狀況。

在感染昆蟲的幾天後，蟲草屬的真菌就會從昆蟲的體內爆出，以便散播孢子。

最常見的真菌感染有哪些？

大家都聽過的應該就是鵝口瘡了吧。這是由一種叫念珠菌（candida）的酵母菌感染造成的。大多數人的內臟裡都有念珠菌，但有些狀況可能會造成念珠菌開始感染人體。常見的一種狀況就是使用抗生素。我們認為全世界每年有幾十億人感染念珠菌，如果這種酵母菌進入血流、感染不同的器官，那就很危險了。

另一種在英國常見的真菌感染是麴菌病（aspergillosis），這是黴菌感染肺部造成的。這種病好發於有肺部問題的人，或是接受過肺移植手術的人。

而最容易害死人的真菌感染症，大概要數隱球菌腦膜炎（cryptococcal meningitis）。這種病對帶有 HIV 病毒的人而言是個大問題。我們認為每年有大約 10 萬人死於這種病，大多在撒哈拉以南的非洲，也就是 HIV 疫情最嚴重的地方。

在《最後生還者》中，有一種突變種的真菌會感染人類，使人變成殭屍。

50

蟲草屬真菌感染了一
隻不幸的昆蟲，然後
從牠體內長出來。

真菌感染有可能擴散到腦部嗎？

　　可以，有很多種都會，例如隱球菌腦膜炎。隱球菌是一種
真菌，如果人類吸入它的孢子，肺部就可能發生類似肺炎的狀
況。但實際上，大多數病患開始出現症狀時，感染都已經擴散
到腦部了。我們還不太瞭解這是怎麼發生的，但我們認為孢子
是先進入血流，然後才到達腦部。很多症狀都是典型的腦膜炎
症狀，像是失去視力、癲癇發作、記憶問題等。

　　即使病患在這樣的感染症後存活，也往往都會留下神經方面
的後遺症。念珠菌和麴菌病也都可能造成嚴重的腦部感染，但
這通常只會發生在基於某些原因沒有接受治療的病患身上。

真菌感染是怎麼傳播的？

我們通常是透過吸入孢子而感染真菌。大多數孢子都是以空氣傳播，我們也常常會吸入孢子，只要出門就會。但只有在免疫系統受損時，它才會沒辦法消滅孢子，使孢子得以在肺裡發芽。然後這些孢子就會變形成酵母菌或是菌絲體，也就是一種長而薄的細胞，同時也是會實際感染人體的東西。

目前沒有任何證據指向真菌會像病毒一樣成為傳染病，也就是那種你接近被感染的人就可能會被傳染的疾病。通常人類是從環境中感染到真菌。

要怎麼治療真菌感染？

對抗真菌的藥物種類很有限。因此當真菌開始造成感染時，我們其實很難把它們消滅。會有這個問題的原因，在於真菌的生化特徵和我們自己很像。如果我們做出一種對真菌有毒的藥物，那還得確保不會誤傷到與人體細胞內相同的生化反應。這就是為什麼選項比較有限，不像抗生素有幾百種不同類型可選。（常靖譯）

蕾貝卡・德魯蒙 Rebecca Drummond
英國伯明罕大學真菌免疫學家

生活成本：
家裡太冷讓人較易生病

隨著家庭支出攀升，薪水卻凍漲，很多人為了省錢
不開暖氣。但這是否會影響我們的健康？

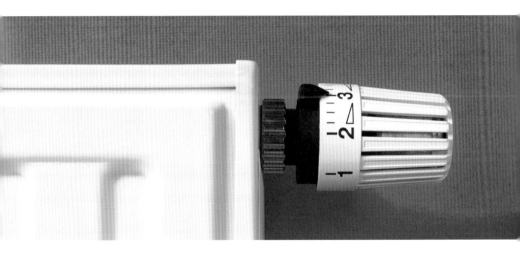

在 新冠肺炎疫情之前，歐洲有 5,000 萬戶住家沒有妥善的
供暖。現在，隨著疫情影響經濟，能源成本飆升，該數
值恐將更高。光是在英國，據估計有 700 萬戶家庭在燃料上的
花費超過收入的 10%，讓他們陷入了「燃料貧窮」。但是，低
溫對於人體健康會有什麼影響呢？

室溫太低會危害人體健康？

沒有錯，而且數十年間已經有許多公共衛生研究證明了這
點。研究顯示，寒冷的房屋會增加心臟病的發生，和氣喘等呼

吸道症狀，以及經常性的咳嗽與感冒。「寒冷的住宅對於健康有許多危害，當燃料費在冬季上升，將有高比例人口持續受害。」英國慈善組織國際能源行動（NEA）的資深研究與政策官員馬修・史考特（Matthew Scott）說。

2019 年針對英國成人進行的研究在室內低溫與高血壓之間發現關聯，這也許解釋了為何冬季死於心臟病與中風的人更多。同時，寒冷房屋中的潮溼與黴菌也會造成呼吸道問題，這通常被認為是孩童哮喘與氣喘問題的元凶。一份 2019 年的紐西蘭研究顯示，僅藉著處理房屋潮溼與黴菌問題，就能讓嚴重呼吸道感染的兩歲以下孩童之住院時間減少 20%。

在 2007 年的全球金融危機之後，我們知道越來越多人的生活面臨燃料或能源的貧窮，這讓他們更容易受到寒冷房屋的健

寒冷的冬季天氣對於室內外環境皆具有巨大影響

康問題危害。「所以我們應該對眼前的困境做好更充足的準備。」在西班牙巴塞隆納麗培法布拉大學研究能源貧窮問題的蘿拉・奧利維拉斯（Laura Oliveras）說，「我們現在深陷另外一個危機，因此如果我們不做改變，只會面臨同樣的結果，那就是能源貧窮問題加劇，並且對健康的影響也更大。」

寒冷對每個人造成的影響不盡相同，因為受到危害的程度不同。已經具有呼吸道症狀，例如慢性阻塞性肺病（COPD）以及氣喘的患者，可能會因為低溫造成呼吸道緊縮，導致呼吸更加困難。年長者與幼童對於寒冷住家的影響也特別敏感，原因之一是他們對於體溫調節的功能不佳。同時，身障人士也許會感到離開房屋的難度增加，造成他們更常暴露在室內低溫與潮溼的環境，造成健康不良。

即使是生活在溫暖環境也不一定能受到足夠保護。讓人意外的是，歐洲能源貧窮比例最高，以及發生許多冬季死亡案例的地區出現在西班牙等地中海國家，這是由於這些國家的暖氣系統經常連輕微的冬季低溫都無法應對。另外一方面，斯堪地那維亞半島的居民經常受到較充足的保護。

在感到不適的環境中待上大把時間一定會對心理健康有所影響，不管是鄰居家的狗在叫，或是寒冷的環境。你可能會感受到壓力、失眠，或是感到憂鬱。如果身在寒冷的居家環境，感受到的壓力也會跟擔心能源帳單有關。如同奧利維拉斯指出

的，這種憂慮可能會有立即性的影響，「人們需要處在壓力環境下一段時間之後才會產生身體健康問題，但是如果無法支付帳單，則會欠下債務，在飽受風寒之苦的同時還要擔心如何節約能源。這些對於心理健康都會迅速造成影響。」

如果你是家長，心理負擔將會更重，因為你也會擔心低溫對於孩童的影響。根據一份 2019 年對愛爾蘭家庭的調查，如果居住在寒冷的居家環境中，或是沒有錢付燃料費，家中有九歲以下孩童的家長更有可能感到憂鬱。這種為人父母的擔憂並非杞人憂天，研究顯示居住在寒冷環境中的孩童更可能表示自己在家裡不快樂，喝酒吸菸的可能性更高，還會受到心理健康問題的危害。

我是否應該將溫度調高？

許多人就是無法負擔費用。英國政府已經宣布除了現有的寒冷天氣計費方案以外，提供普遍性的能源費用折扣，但是「人們依然憂心忡忡，將各種電器調弱」。

史考特表示，冬季到來時需要更能對症下藥的補助方案，避免寒冷居家必然帶來的不良健康影響。

好消息是，對於寒冷生活環境妥善規畫的努力的確能帶來改善。在 2022 年的研究中，英國東薩塞克斯的居民享有燃料貧窮的補助方案，設置了供暖及避寒設施。居民也接受了健康調查，並表示胸部感染與疼痛的情形減少，焦慮與憂鬱的情況也減輕了。（陳毅澂譯）

海莉・班奈特 Hayley Bennett
科學作家，居住在英國布里斯托

封城影響了我們的記憶力

當全球因新冠肺炎肆虐而處處封城時，你是否覺得
自己的記憶力越來越差？別擔心，你並不孤單……

下至「糟糕」，上至「優秀」，你會如何評價自己在實施封城前的記憶力？換作是封城時，你又會如何自評呢？巴西佩洛塔斯聯邦大學的博士生納坦·費特（Natan Feter）和其研究團隊在探討社交距離政策和記憶力的關聯時，便拋出這兩道問題，試圖探討封城是否影響了人們的記憶力？

費特的研究團隊發現，近三分之一來自巴西南部的成人表示，從實施社交距離限制後，他們的記憶力確實變差。不過，巴西從未實施全國性的封城，而且應對新冠肺炎的方法也與多數國家相異，這項研究結果對英國有相同意義嗎？

為了回答這一問題，英國西敏寺大學的神經心理學教授凱瑟琳·樂夫戴（Catherine Loveday）發起一項調查，請參與者為與日常任務有關的記憶打分數。樂夫戴表示，初步結果顯示約有八成參與者回報自己的記憶力在疫情期間有所下降。

不過，你在疫情期間是否也減少了運動頻率？這件事可能與記憶力衰退有關。巴西的研究發現，在封城期間仍保持或投入體能活動的人，較少回報自己的記憶力變差，即便考慮到年齡等其他因素，也未改變這一趨勢。但大家需要從事多少體能活動才看得到好處呢？

研究顯示，人們在封城期間多進行一分鐘的體能活動，記憶力下降的可能性就更少一點。樂夫戴在英國執行的研究甚至發現，就算大家只在房間或建築物之間更頻繁的移動，也對維持

記憶力有幫助。

會有這種現象，不僅是因為運動本身為大腦帶來的活化，也是因為新的刺激和環境有助於記憶保持清晰，所以移動至不同地點會有讓大腦「煥然一新」的效果。

這些發現都符合聯合國針對新冠肺炎提出的政策簡報，其中點出體能活動下降是認知衰退和失智症的風險因子，尤其年長者更是危險。有鑑於此，任何在封城期間的額外移動，特別是進入全新的環境，都可以讓人感到記憶力較不容易流逝。

值得注意的是，這兩項研究都是測量「主觀」的記憶力衰退。換句話說，就是參與者「感覺」到自己的記憶力變糟了，但「感覺變糟」不等於「實際變差」。那麼，這項主觀感受與現實相符嗎？封城措施真的讓我們的記憶力變糟了嗎？

2021 年，紐西蘭奧塔哥大學的張惟巍博士（Weiwei Zhang，音譯）和同仁發表了一篇研究。該研究先詢問 374 名來自英美兩國的受試者連續歷經多長的封城天數，接著請他們挑戰字詞

覺得自己更常忘東忘西？老是找不到適合的字詞？在新冠肺炎疫情期間，很多人都表示自己的記憶力減退了。

記憶，結果發現封城措施和記憶錯誤的關聯呈現 U 形曲線，與一般直覺認知不同。封城天數增加時，記憶錯誤一開始反而會稍微降低，表示受試者在封城初期的字詞記憶表現比封城前還優異，平均要到封城 30 天後，記憶錯誤才會穩定上升。

研究團隊還發現，心情和記憶力之間存在近乎完美的關聯。心情變糟，記憶力也會隨之變差。尤其寂寞更會降低人類記憶字詞的能力，而且效果隨時間遞增，與失智症的風險也有關。在封城期間與人聯繫社交為何有助於保持大腦活絡、記憶清晰，這正是另外一大原因。

人們對於記憶疫情期間發生的事件，表現又如何呢？加拿大亞伯達大學的認知心理學家諾曼・布朗（Norman Brown）提出「過渡理論」（transition theory）來解釋疫情對自傳式記憶（autobiographical memory）的潛在影響。該理論預測我們的記憶力會經歷「新冠疫情上升」和「封城下滑」兩個階段，前者指事件記憶在疫情初期會提升，後者則指事件記憶在封城期間會下降。換言之，在疫情初始幾週，因為情勢演變極快，情緒狀態高昂，對於事件的記憶會較清晰，但在日子一成不變的封城期間，對於事件的記憶則會衰退。

這些研究有何涵義呢？封城措施究竟會不會傷害我們的記憶呢？或許會吧。但這些影響可能跟我們心情變差有關，也可能跟我們沒有重拾日常體能活動有關。不妨考慮改變房間陳設，或至少更動一部分的家具擺設，藉此減少盤桓不去的「腦霧」（brain fog）。

最重要的是，封城期間的健忘狀態似乎只是暫時現象，而非永久性的傷害。呼，這可真是讓人鬆了一口氣。（吳侑達譯）

茱莉亞・蕭 Julia Shaw
英國倫敦學院大學副研究員，犯罪心理學專家

電療真的有效嗎？

近來發表的報告指出，電療這項屢受爭議的治療方式
可能造成腦部損傷和失憶。

醫界針對頑固型憂鬱症（intractable depression）等嚴重
心理健康問題，有時會動用到所謂的「電痙攣治療」
（electroconvulsive therapy），也就是通稱的電療，但這項療
法近來再陷爭議。

電療又稱作「震盪療法」（shock therapy），其中涉及用電
流經過大腦，刻意造成短暫痙攣。不少英國媒體近來報導英國
國民健保署表示電療仍是英格蘭醫界的常見做法，掀起了新一
波質疑浪潮。

英國《獨立報》寫道「在英格蘭，數以千計名的女性因為心
理健康問題，必須接受『危險』的電療」，並刊登一名女性患
者指控電療嚴重影響自己記憶力的訪談內容。《觀察家報》也
刊出標題為「爭議再起：患者稱電療造成腦部損傷」的報導。

引起這些報導的英格蘭國民健保署（NHS England）資料是
由學術暨臨床心理學家約翰・里德（John Read）領導的研究
團隊在 2021 年所發表。里德長期抨擊電療，認為應該禁止這
項療法。資料顯示，2019 年在英格蘭有 1,964 名患者接受電
療，其中 67％為女性。里德質疑電療並無療效，且會造成長期
或永久的腦部損傷和失憶。

電療技術在 1930 年代問世，早期曾傳出濫用情事，後來跟
電影《飛越杜鵑窩》（*One FlewOver The Cuckoo's Nest*）中一
角，藍道・麥墨菲（Randle McMurphy）的形象更幾乎脫不了

關係。在劇情中，麥墨菲為了逃脫牢獄生活，裝瘋賣傻進入精神病院，結果遭到醫療人員虐待，其中包括強迫電療。

電療的真相究竟為何？是否真的會導致記憶問題和腦部損傷？值得一提的是，早年的電療不會使用肌肉鬆弛劑或麻醉劑，但如今已有不少改變。記憶衰退和腦部受損這兩項潛在問題目前都已列入電療的基本指引，除非患者屬於極端案例，其他治療方案無效和／或健康問題已威脅到性命，否則醫師不會建議使用電療。

儘管如此，根據已發表的公開資料，電療確實可能導致嚴重記憶問題。英國國家健康與照顧卓越研究院也指出，許多患者接受電療後表示記憶力下降，有些人受到的壞處反倒大過好處。

不過，現有證據較難支持電療會造成腦部損傷的說法。里德在一篇深度專題中引述期刊《刺胳針》（Lancet）在 1946 年所發表的評論，其中推測接受過電療的患者死後剖檢的報告顯示他們有腦部損傷跡象。但因為不少患者皆有綜合健康症狀，本來便可能存在腦部損傷，所以該評論的作者並未將話說死，而且還加述「長期以來，臨床經驗已足證電療安全無虞」。

里德也引用了一份較近期的 2012 年研究，其中指出患者在電療後，大腦前側的功能性連結（functional connectivity）降低，但許多專家認為功能性連結變化不等於腦部損傷（該研究的作者群也未使用此詞彙），況且患者的症狀後來也有所改善。

里德未提及的

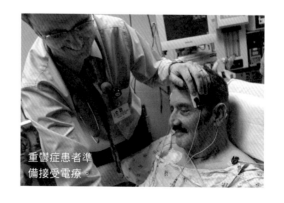

重鬱症患者準備接受電療。

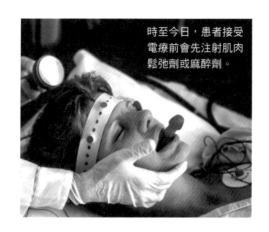

時至今日，患者接受電療前會先注射肌肉鬆弛劑或麻醉劑。

其他研究則有更正面的結論，譬如 2006 年發表於《美國精神病學期刊》（American Journal Of Psychiatry）的一篇論文即定調「目前未有可信證據支持電療會造成結構性腦部損傷」。《印度精神病學期刊》（Indian Journal Of Psychiatry）在 2020 年刊登的評論也指出「目前尚無足夠證據支持電療會導致腦部損傷」。英國國家健康與照顧卓越研究院在相關指引中表示「六份使用腦部掃描技術的已審查研究皆未提供證據支持電療會導致腦部損傷」。

另外值得一提的是，德國海德堡大學最近的動物實驗指出電療可促進神經生成。其他研究也顯示電療會導致人腦部分區域的體積增加。綜上所述，學者認為電療的效益或在於促進部分腦部活動，其中包括提升神經可塑性來治療憂鬱症。

英國皇家精神科醫學院的公共參與委員會主席溫蒂·伯恩教授（Wendy Burn）表示，「若其他治療方案對重鬱症患者無效，電療仍是重要選項。英國國家健康與照顧卓越研究院近來審查他們對憂鬱症的治療指引，也表態持續推薦這項療法。女性接受電療的比例大於男性，是因為她們較容易受憂鬱症所苦，也更可能需要協助。」（吳侑達譯）

克里斯提安·傑瑞特 Christian Jarrett
認知神經心理學家和心理學作家

如何預防及治療蜱蟲叮咬

隨著這些吸血小蟲數量攀升，英國出現越來越多
以蜱蟲為媒介的疾病。

2023 年初，一名 50 歲的約克夏人在騎乘登山車時
被蜱蟲咬傷，成為英國首位蜱傳腦炎（tick-
borne encephalitis，又稱森林腦炎）的病例。多塞特、諾福
克、漢普郡等地區也陸續傳出相同病例。

　　隨著蜱蟲在英國近年來數量攀升，民眾被叮咬的機率也大幅
提升。究竟蜱蟲叮咬會對人體造成多大傷害呢？

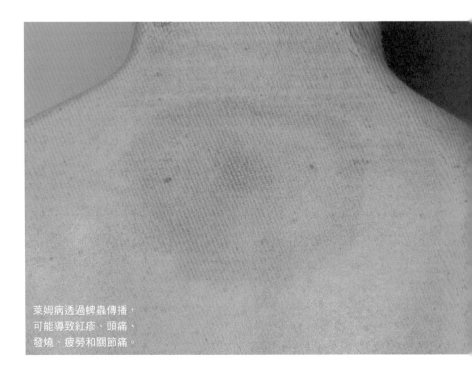

萊姆病透過蜱蟲傳播，
可能導致紅疹、頭痛、
發燒、疲勞和關節痛。

蜱蟲是什麼？

　　蜱蟲與蜘蛛和蠍子都是蛛形綱動物（arachnid），因此多數蜱蟲乍看之下貌似小型蜘蛛。蜱蟲又與蟎蟲同屬蛛形綱下的蜱蟎亞綱（acari），大部分蟎蟲都很微小，體長不超過一毫米。

　　知名度較高的蟎蟲包含了容易引起人類皮膚病症的疥蟎（scabiesmite），還有會感染蜜蜂的瓦蟎（varroamite）。撇除這些惡名昭彰的寄生蟎蟲，其他蟎蟲多數屬於分解者或掠食者。然而，牠們的近親蜱蟲卻清一色都是寄生蟲，專門以吸食動物血液維生。

　　目前有將近 1,000 種蜱蟲分布在世界各處，主要集中在溫暖、潮溼的區域。蜱蟲主要分成兩種：硬蜱和軟蜱。硬蜱多達700 種，也是造成人類困擾的元兇。蜱蟲的口器上布滿鋸齒狀倒鉤，有利牠們刺穿皮膚、吸取鮮血。

蜱蟲身上攜帶什麼疾病？

　　蜱蟲在叮咬的過程中透過唾液將微生物傳入人體血液，包含細菌、病毒和單細胞生物。部分感染蜱傳疾病的案例就是起源於這些「便車客」，而野生動物和牲畜也可能同樣遭到感染。

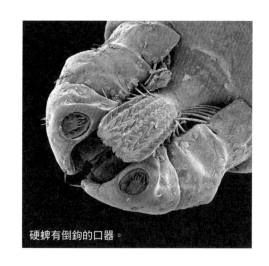

硬蜱有倒鉤的口器。

目前已知的蜱傳疾病近 30 種，包括落磯山斑疹熱（Rocky Mountain spotted fever）、巴貝氏蟲症（babesiosis）、萊姆病（Lyme disease）以及蜱傳腦炎。許多蜱傳疾病會引起發燒，另外還有復發和長期健康問題等。蜱蟲數量漸增及間接導致的蜱傳疾病要部分歸咎於氣候變遷。

什麼情況最容易被蜱蟲咬傷？

蜱蟲生活在野外，喜歡從事戶外活動的人們大概都有被蜱蟲叮咬的經驗。蜱蟲最常出現在草原，但林地也有牠們的蹤跡，尤其是森林周圍的長草叢。

蜱蟲匍匐在長草上，等待如人類的大型動物經過，接著附著在動物身上，尋找裸露的肌膚。幼蜱非常微小，有時被稱為胡椒蜱，經常上百隻聚集在一枝草上、成為「蜱球」。如果在酷熱的地方經過草原，例如非洲大草原，那麼蜱球將是一種常見的危險。

該如何預防蜱蟲咬傷？

首先，藉由衣物遮蓋皮膚：上身穿著長袖，衣服紮進褲子、褲子塞進襪子的穿法能蓋住任何裸露的肌膚，降低蜱蟲附著的機會。淺色衣物也能讓你更容易看見附在衣服上、想要找尋機會吸血的蜱蟲。

可以的話，盡量走在路徑的中間，避免走到草叢裡。使用含有 DEET 的化學驅蟲劑並遵守產品指示也能幫助你遠離蜱蟲。隨時留意、檢查身上是否有蜱蟲附著，如果是團體行動，則互相幫彼此檢查。蜱蟲很容易從衣物上拍掉，但要小心不要將蜱

蟲拍到別人身上。

如何移除身上已經咬傷我的蜱蟲？

　　方法有很多，關鍵在於不要讓蜱蟲的口器斷裂留在皮膚裡。最好以鑷子按壓蜱蟲頭部附近的皮膚，在貼近皮膚的位置夾住蜱蟲，再輕輕、穩穩地把蜱蟲從皮膚裡夾出來。

　　之後用肥皂和清水清洗叮咬處，然後擦上消炎藥膏。網路上可搜尋到許多移除蜱蟲的好方法。

被蜱蟲咬到該怎麼辦？

　　被蜱蟲咬到不代表一定會感染蜱傳疾病，因為蜱蟲引起的併發症其實相當罕見。不過，目前沒有方法可以得知每個人在被蜱蟲叮咬後是否會引發後續疾病。

　　在英國，最常見的併發症是萊姆病，被蜱蟲叮咬後潛伏期可能短至 3 天、長至 30 天不等。建議你持續觀察傷口，留意健康狀況，如果出現了感冒症狀，或是身上出現如同標靶形狀的紅疹，那就應盡速就醫、告知醫師蜱蟲叮咬的經過。

　　雖然標靶狀的紅疹是萊姆病的典型徵兆，但也只有約三分之一的病患出現該症狀。（王姿云譯）

亞當‧哈特 Adam Hart
昆蟲學家，也是英國格羅斯特郡大學的科學傳播學教授

CHAPTER **2**

心理與社會

晨型人 vs 夜貓族：
早起真的比較快樂嗎？

早睡早起真的讓人健康聰明、財源滾滾嗎？
究竟哪種生活作息的人最快樂？

每看到一大清早起床還精力充沛的人，心中是不是有一絲羨慕？又或者你本人有幸就是一位「晨型人」呢？

大家總說早起的鳥兒有蟲吃，流行文化也宣揚各種早起者人生更成功、效率更佳，而且更快樂的故事。無數坊間文章告訴我們，只要早上提前一小時起床，就可以像成功的商界人士一樣生產力驚人。如果你是喜歡熬夜晚起的夜貓族，心中可能希望這一現象純屬虛構。但所謂「時型」（chronotype）的心理學，其實大致上支持「早起者較積極且快樂」的熱門形象，不過一如既往，真實情況可說是更加複雜。

晨型人多，還是夜貓族多？

約有六成的人既非晨型人，也不是夜貓族，而是介於兩者之間的混合產物。有一個值得思考的因素是，時型並不僅僅在於一個人「晚上幾點就寢」或「早上幾點起床」，而在於他的「最佳運作時間」為何。

晨型人在一天初始的效率最佳，夜貓族則是在稍晚的時候表現更好，因此在某些涉及夜間工作或夜班的職業具備明顯優勢。一般來說，較多女性屬於晨型人，男性則多屬夜貓族。年齡是另外一大因素，在青少年時期，我們的時型大多較偏向夜貓族，

但青少年期過後，隨著年歲增長，晨型人則會越來越常見。

　　至於哪種人比較快樂，許多研究的確顯示晨型人和快樂程度具有相關性。舉例來說，有研究調查了土耳其杜庫艾露爾大學數百名醫學院學生的快樂程度，最後發現晨型分數（受調查者自陳較常早起）越高，填寫快樂程度量表時的分數也越高。受調查的學生有 26.6％歸類為夜貓族，他們的快樂分數比晨型人（6.7％）低，也不敵其他中間族群的分數。針對年齡較長者的調查，也同樣顯示早起和快樂程度有所關聯。

晨型人通常會比夜貓族
來得快樂，但可別指望
他們會想徹夜未歸、勁
歌熱舞至天明。

當晨型人還有何好處？

　　德國萊比錫大學的研究指出，晨型人對於人生的滿意度較高，且較不容易出現心理健康問題，在情感調節上具有優勢。其他研究也顯示，夜貓族比晨型人更容易出現憂鬱、季節性情緒失調和藥物濫用問題。

　　複雜的是，這個差異可能是因為夜貓族往往睡眠時間較短，或是睡眠問題較多，而不是因為晨型人本身較具優勢。其他可能因素還包括晨型人的情緒控管技巧似乎較佳，對時間也有更正面積極的態度。

夜貓族在早晨
時狀況不佳。

我可以改變自己的時型嗎？

上述研究讓人好奇晨型人和夜貓族的傾向何來，進而思考起「我們能不能改變自身傾向」這個問題。英國華威大學的研究團隊近來指出時型其實與性格有關，晨型人在嚴謹自律性（conscientiousness，與自律、有條理和積極等特質有關的五大性格之一）的分數較高，而夜貓族則是外向性（extraversion）和開放性（openness）的分數更高。研究團隊也表示，性格和時型會受到一些同樣的潛在遺傳影響。

好消息是，性格和時型都不是一成不變。除了基因，這兩者也受其他因素影響，譬如家庭環境、專業角色及職責等。華威大學的研究團隊指出，這種可塑性表示「可以刻意改變某個人的時型」。變成晨型人的一些基礎訣竅包括晚上避免使用電子設備、慢慢提早就寢時間，以及給早起的自己一些正面回饋，可以是一杯現煮咖啡、外出散步，也可以是獨自享受一段滑平板電腦的時光。

壞消息是，波蘭華沙大學針對一群大學生的調查，初步顯示人們在夏季會較偏向晨型的這一現象，並不會改善情緒和生活滿意度。換言之，改變時型可能不會令人立刻變得更快樂，部分原因可能是由於時型和快樂的因果關係並不盡然是單向流動。要是你對生活感到滿意，日子過得忙碌且充實，或許更容易準時上床睡覺，每天早上也更有動力起床。（吳侑達譯）

克里斯提安・傑瑞特 Christian Jarrett
認知神經心理學家和心理學作家

是否該刻意追求幸福？

研究顯示，專注於自身幸福有可能讓你感覺更悲慘。

所有人都想要追求幸福，然而我們花了大把時間和精力追求幸福，卻往往染上惡習或落入悲傷的迴圈。我們甚至有時候會懷疑，幸福是否真的值得追求？

幸福的概念具有各種原因，其中包含實現目標的成就感（或意義和滿足感），以及愉悅感（如喜悅和興奮）。舉例來說，教師教導學生獲得的快樂，與他在晚上外出遊玩時的快樂是不同的：前者感覺更充實，後者感覺更有樂趣。

在探討幸福的成因時，有兩個常見的障礙需要考量。第一點：純粹追求幸福會讓人只在乎自己，因此變得自戀又自私。第二點是矛盾的：專注於幸福最後會讓我們感到痛苦。

幫助他人與幫助自己

若說幸福的定義是源自於愉悅感和使命感，那麼就很容易理解為何幫助他人可以讓人感到幸福。我們會因幫助他人而感到心滿意足，這大多源自於在幫助人時體驗到的使命感。協助他人其實正是幸福的主因之一。事實證明，行善和從事志願服務都能讓人更加快樂。做好事就是能讓人感覺良好。

幸福的定義也說明了為什麼工作有生產力或學習新技能會讓人快樂，不僅是因為其中的樂趣，也因為這些活動讓人感覺很充實。因此，所有人都應設法在我們從事的活動以及共度時光

的人身上，找到愉悅感和使命感間的適當平衡。

　　現在你可能會好奇，為了讓自己快樂而追求利他行為是否也算是自私？

　　研究顯示，那些認為慈善應是出於純粹的無私、屏棄個人利益的人，其實會讓參與利他行為的人感到心灰意冷。事實上，有充足的證據顯示，提醒大家行善有所好處（像是提升自己的心理健康）實際上會讓人們更加樂於助人。

聽音樂經證實能
讓人感到幸福。

若能持續提醒有心從事志願服務的人，做出有利社會（造福他人）的行為可以增加幸福感，從事志願服務的比率也能有所提升。因此我們應更加欣賞無私中的「自私」，而非強調證據並不支持的純粹無私行為。

第二個常見錯誤則在於追求的焦點。部分學者認為，追求幸福實際上會減少我們的幸福感，這表示我們不該直接追求幸福。證據顯示，追求幸福的主因才是讓我們更幸福的關鍵。例如，聽音樂經證實為幸福最重要的因素之一。這種追求快樂的方法顯而易見，卻容易被輕忽：多做一點，就能更快樂。但是，聽音樂時不要想著可以讓自己多開心，因為這樣就不會那麼快樂了。也就是說，如果持續關注自己的感受，一般而言並不會讓人快樂。

再舉個例子，如果只注意工作帶給自己的感受，那我們就不太可能完全沉浸其中並進入「心流」（flow）狀態。專注在自己的感受上，只會讓自己無法沉浸在活動之中。若能不一直想著自己是否快樂，就能感覺更快樂。

所以我們確實得花點時間來找出能帶來愉悅感和使命感的事物，並在兩者間取得適度平衡。不過，一旦我們開始盤算，就必須關注活動本身，而非活動帶來的感受。

我們也可能會擔心，要是太執著於幸福本身，反而會忘了享受過程中的感覺。但要是能專注在帶來幸福的活動本身，不需要多想就能感覺更快樂，有誰會不願意呢？（黃好萱譯）

保羅・多蘭 Paul Dolan
英國倫敦經濟學院心理與行為科學系教授，著有數本探討幸福的書

是什麼讓病態說謊者
愛說謊？

從聲名大噪的法庭案件到政治醜聞，新聞媒體上滿是謊言。
如何發現這些慣性說謊者，又要如何因應？

最近「病態說謊者」（pathological liar）這個詞很熱門，特別是用來形容政治人物或是名人。雖然這並非正式的精神醫學診斷，但此概念的確是心理學家與精神科醫生長期以來備感興趣的議題。

回頭追溯到 1891 年，德國精神科醫生安東・德布魯克（Anton Dellbrueck）首創「幻謊」（Pseudologia fantastica）這個術語，用以形容會撒下大量漫天大謊的病人。其他相似的詞包括說謊症候群（deception syndrome）以及謊語症（mythomania）等。為何人們要這樣說謊？

如何發現病態說謊者？

心理變態與具反社會人格疾患的人喜歡說謊，但大多數的病態說謊者並非心理變態，也未必有人格疾患。雖然心理變態與具反社會人格疾患的人確實通常都善於操弄且自私自利，然而病態說謊者之所以說謊通常不是出自顯而易見的理由。病態說謊的另一項重要特徵是他們的謊言常常特別古怪，或是根本牽強附會，與一般說謊成性的人不同。

認為病態說謊應該成為獨立一門精神醫學診斷的美國心理學家，德魯‧柯提斯博士（Drew Curtis）與克里斯汀‧哈特博士（Christian Hart）近年進行了一項研究，他們讓數百名志願者完成數項關於說謊行為的調查，發現有約 8 至 13％的人達到病態說謊的標準。

為何病態說謊者要說謊？

這項調查裡的細節與科學文獻中的某些理論不謀而合，這些理論認為病態說謊者說的故事荒誕不經，特別是關於牽強附會的過去成就、痛苦經驗，或是與上流人士的人脈關係。這是一種無意識的策略，用以增強他們脆弱的自我意識或是低自尊。

例如在 2007 年，一個加拿大的心理學團隊提出「洛玲」（Lorraine）案例的報告，她撒的大謊包括一名同事對她發出死亡威脅，一名朋友對她懷有同性情愫，從未婚夫的前妻那裡收到死亡威脅，以及未婚夫的三歲兒子在親戚家縱火。

主持該團隊的謝麗爾‧伯奇（Cheryl Birch）說，這種模式特徵是病態性的說謊，因為這些謊言對洛玲有害無益（她因為這些謊言而被送進安全司法部門），而且謊言並非受到任何明顯

因素驅使，其動機似乎是深層的心理需求，讓她能把自己描繪成英雄或受害者。

2015 年由美國心理學家報告的案例中，一名女性告訴治療師自己數次嘗試自殺。她也聲稱自己的母親在加州因為殺死自己的生父及繼父而被處死，她的兄弟姊妹被母親殺掉以後埋在後院，以及她有兩個小孩，其中一個是受到兄弟強暴以後生下來的。後續的調查發現這些說詞都是假的，不過她的確有一個兒子。

主導這個團隊的紐約布朗克斯黎巴嫩醫學中心的潘娜吉歐塔·克蘭尼斯博士（Panagiota Korenis）與其他專家均同意這種習慣性或強迫性的說謊，通常都是出自於「因為缺乏自尊而必須藉此強化自我主導權」。

要如何與病態說謊者相處？

要應付病態說謊者，也許應該要留意他們編造這麼多毫無根據的故事背後的原因。雖然他們的行為令人生氣，甚至造成嚴重傷害（特別是錯誤的指控），如果其動機是來自深層的不安全感，那麼也許你可以把它當成是求救的信號，並且壓下想要與其正面對質的想法，依舊懷抱著同理心對待他。

如果在你生活中遇到的病態說謊者是你在乎的人，也許你可以幫助他們找到更有效率的方法解決低自尊與焦慮問題。若是與不幸的過去有關，你甚至能幫助他們放下。雖然對於有效療法的研究付之闕如（主要是因為病態性說謊依舊不被當成是正式診斷），明智的做法是溫和地鼓勵你認識的病態說謊者尋求專業心理健康支援。（陳毅澂譯）

| 克里斯提安·傑瑞特 Christian Jarrett
| 認知神經心理學家和心理學作家

如何擁抱中年危機？

中年並不是充滿存在焦慮和退化的階段，而是成長的時期。

人生行至中途，感到煩躁和憂鬱也是情有可原。中年以前，身心狀態日益茁壯，見聞和成就都與年紀成正比。但現在，人生離終點比起點還要近，很可能會感受到眼前都是下坡，只能逐漸退化，邁向最終的衰亡。

這種視角的改變令人不安，也潛藏著許多急迫的實際問題，像是孩子有各種需求、工作責任越來越沉重，或許還必須照顧雙親，難怪很多人會經歷「中年危機」。這個詞彙是由加拿大精神分析師艾略特·賈克（Elliott Jaques）創造，首先出現在 1957 年英國倫敦的學術論壇，後來則發表於他 1965 年的論文〈死亡和中年危機〉（*Death And The Mid-Life Crisis*）。

「中年危機」一詞變得流行，是因為 1976 年美國記者蓋爾·希伊（Gail Sheehy）出版了《人生變遷：可預見的成年生活危機》（*Passages: Predictable Crises Of Adult Life*），這本暢銷書收錄許多訪談，受訪者介於 35 至 45 歲之間，且許多人處在動盪混亂之中。

至今很多人仍會開這類玩笑，談到如何紓解隨年紀累積的焦慮時，總說 40 幾歲的男人會買跑車，中年女性則會逃離婚姻浪跡天涯。2004 年的一份研究指出，有一至二成的人說自己有中年危機。然而，中年危機其實是文化產物，而非實際存在的心理狀態。

不同的生命階段都有各自的挑戰，認真說來，幾乎沒有客觀

證據能證明中年時期格外辛苦。2010 年起，美國印第安納州聖母大學著手進行研究，借鑑了兩份針對生活滿意度的長期調查，一份是包括約四萬人的德國調查，另一份是始自 1991 年、涉及逾兩萬人的英國調查。兩份調查皆顯示生活滿意度從年輕到老年都很穩定。事實上，英國調查發現有些證據顯示青壯年時期的生活滿意度會微幅下降，但中年到老年又會持續回升。

另外還有一些理由，能讓人樂觀看待步入中年這件事，例如，有別於年輕人必須設法在工作上證明自身價值，中年人的專業地位可能較為鞏固。研究顯示，到了中年，人往往已經能

有股衝動想要出門透透氣，與朋友尋歡作樂，玩點無傷大雅的遊戲。這真的就是危機的徵兆嗎？

找到工作的樂趣與意義，也就是所謂的內在動力，不只是因為薪酬或升遷等外在刺激而工作。

有心理學家將人的腦力分為流體智力（fluid intelligence）和晶體智力（crystallised intelligence），前者是與生俱來的腦力，後者則靠後天學習而來，如詞彙量和常識。儘管流體智力從 20 歲出頭就會開始退化，晶體智力卻會持續成長，亦可能比從前的任何時期都高；理解和算術能力也往往會在中年甚至老年達到高峰。並不意外的是，也有證據顯示智慧在中年以後還會持續增長。

進入中年就是「過了巔峰」嗎？研究顯示中年人其實變得更睿智、更快樂，也更有幹勁。

在人的一生中，性格往往會有所轉變，而這方面的研究也足以讓人樂觀看待中年。有許多研究持續追蹤同一群人長達數十年，拜這些研究之賜，我們得知大多數人都能預期在中年或稍晚以後，變得更加平靜、勤奮和友善。

即使從生理角度而言，我們依然可以樂觀看待中年。你可能已經注意到，某個年齡層的許多男性會穿著萊卡緊身衣，開開心心地騎一整天的腳踏車，這也是英文縮寫「MAMIL」（穿著萊卡服裝的中年男子）的由來。當然，也有很多女性喜歡騎腳踏車、從事各種運動。

雖然「MAMIL」一詞帶有貶義，但這些中年男子無視嘲弄、玩得很開心，若參加比賽也都還可圈可點。事實上，近年的耐力運動增加了許多40歲以上的選手，研究者常尊稱他們為「大師級運動員」，像是先前的美國紐約馬拉松中，有超過一半的選手是大師級的男性跑者。

運動族群出現變化有很多可能的原因，其中必定包含醫療進步和保健意識提升，讓人越來越健康，甚至老當益壯。至於心理因素，美國奧勒岡大學做了一些有趣的研究，發現人們的競爭力或好勝心會隨著年齡提升，在大約50歲時達到鼎盛。

整體說來，中年人非但沒有過了巔峰、陷入危機，反而比任何時候都來得睿智、快樂和積極。生命中的許多事歸根究底都是觀點問題，只要能夠正向思考，你會發現「人生四十才開始」這句話頗有道理。（王立柔譯）

克里斯提安・傑瑞特 Christian Jarrett
認知神經心理學家和心理學作家

新手奶爸也會罹患
產後憂鬱症

有近四分之一的新手爸爸在孩子出生後一年
會罹患焦慮與憂鬱症，社會是否需要提供更多援助？

無論男女，成為父母是令人喜悅的人生經驗之一。不過這樣的期待卻也在某種程度上帶來了社會壓力，尤其對於在孩子出生前後患有焦慮、心情低落等問題的父母更是如此。

有約莫 20％ 的母親，在孩子出生前後幾個月會經歷「周產期憂鬱症」，這與生完小孩的產後憂鬱症不同。慶幸的是，人們這幾年逐漸開始關注孕婦的心理健康，因為若不進行治療，母親的心理健康不僅會傷害自己，也會傷害嬰兒。然而，較鮮為人知的是，男性在孩子出生前後也有高風險罹患焦慮和憂鬱症，進而對伴侶和孩子造成不良結果。

先前的研究指出有 10％ 的父親會歷經周產期憂鬱症，而加拿大近期一項研究則讓該問題的嚴重性更加明朗。該研究首次針對 2,500 位父親，計算出新手爸爸在孩子出生前後罹患憂鬱和焦慮症的機率。同時罹患兩種症狀在臨床表現上則稱為合併症，是較為複雜且嚴重的病症。這種病症更難治療，而且對妻小可能造成更多不良影響。

加拿大多倫多大學辛迪・李・丹尼斯博士（Cindy-LeeDennis）的團隊發現，近四分之一的新手爸爸在小孩出生後第一年曾經歷憂鬱和焦慮，而一年後降至八分之一。研究人員表示，「這麼高的機率證明產後時期（分娩後前幾週），對於男性篩檢以及提早介入相當重要。」

這些數字或許對許多人來說相當意外，因為許多造成產後憂鬱症的因素通常不會直接影響男性，例如荷爾蒙改變或懷孕面對的困難等。不過有越來越多證據指出成為人父與許多生理變化息息相關，例如有研究發現男人當了爸爸後，體內睪固酮分泌減少，大腦也會發生變化。

此外，許多造成周產期憂鬱症和產後憂鬱症的風險因子都來自社會和心理。加拿大研究深入探討背後原因，發現重要的風險因子包含家族精神病史、社會支援缺乏、健康狀況不良、在與小孩建立健康的關係上有障礙，以及與孩子母親關係不佳等。

新手奶爸在育兒上也會
面臨重大的情緒起伏。

簡而言之，儘管為人父母能帶來無盡的喜悅和關愛，初為人父的過程也是一項重大的改變和挑戰。研究人員說，「男人必須面對角色的轉換衝突，從孩子出生前的男性角色蛻變成父職角色。」

對於感到寂寞、本來就罹患精神方面疾病，或與孩子母親相處上有問題的父親，觸發憂鬱或焦慮症並不令人意外。而加劇問題的其他因素還包含社會普遍認為面對懷孕、小孩出生和產後事宜等各種挑戰是女人的責任義務，男人應該默默成為女人堅強的後盾。男人經常對於以這樣的態度評判別的男人深感愧疚。

此外，許多現有的支援服務都是專門提供給新手媽媽。數年前的一項英國研究針對 10 位新手爸爸進行深入訪談，這些父親談及產前教育課程的內容經常是為母親和育兒設計，使得他們覺得孤獨無依、徬徨無助。

心理學家維倫・史瓦米（Viren Swami）曾寫下自己產後憂鬱症的經歷。他提出的其中一項建議便是讓不同父親擁有更好的交流，尤其是新手父親以及有更大幼兒的父親。其他提議還包含改變社會風氣，將成為父母的轉變過程視為對男性及女性同等重大的改變，例如讓公司提供更多及彈性的產假等。

當然，在關注父親心理健康的同時不該以陪伴支持的母親為交換。雙親應該都要能從意見受惠，像是如何互相扶持、如何一起照顧小孩、一同做決定和分配工作。

非營利組織「爸爸走出來」（Fathers Reaching Out）等團體的存在，使人們開始更加關注爸爸的心理健康。如今，網路上已出現越來越多有關於父親產後憂鬱症的資訊，提供新手爸爸們多種尋求資源的管道。（王姿云譯）

克里斯提安・傑瑞特 Christian Jarrett
認知神經心理學家和心理學作家

大我世代來臨，
自戀正在崛起？

我們變得越來越自戀了嗎？
社群媒體是否讓越來越多人只在乎自己？

「我們全都變得自戀，這都是因為社群媒體，我們全都變成愛修圖的自拍狂！」但是現代人到底有沒有變得更自戀，或者這又只是對於「現在的小孩子」發表的老生常談或一種刻板印象？

「自戀」是什麼，它本質上是壞事嗎？2021 年美國俄亥俄州立大學的蘇菲・夏維克（Sophie Kjærvik）及布萊德・布希曼（Brad Bushman）發表了一份針對 437 份自戀研究的評論，參與者共 123,043 名。他們將自戀定義為「自我重要性」，「自戀程度越高的人，越是覺得自己很特別，需要特別的待遇。自戀者對於自我重要性有著誇大且膨脹的想法。」

2014 年，布希曼編製了一份量表，量表完全由對這個問題的回答組成，「您有多同意以下敘述：『我是自戀者』。」結果顯示許多自戀者知道自己很自戀，有些人還備感自豪，從此改變了布希曼對自戀者的看法。

在 2021 年的文章中，研究人員強調，他們並不會稱任何人是「自戀者」，而是說人們在自戀程度上有高低之別，「稱某人為自戀者，暗示自戀是一種非黑即白的特質，但其實不是這樣。」我們處於自戀量表上的某個位置，或多或少都有一點自戀特質。

同時，自戀有很多種形式，更準確地說，有其核心概念：

自我賦權（entitlement），且至少有兩個重要的面向，一般大眾與學術界都只關注其中之一：自大型自戀（grandiose narcissism）。夏維克與布希曼解釋，「自大型自戀程度較高的人自尊心較高……以及較高的自信心、自我膨脹、自我賦權、表現欲、自我放縱以及較不在乎他人需要。」

另外一個較常忽略的面向是脆弱型自戀（vulnerable narcissism），特徵是自尊低落，「對於他人評價較敏感，較高的防衛心、鬱悶感、焦慮感、自我放縱、驕傲、傲慢，以及一意孤行。」

自大型自戀與脆弱型自戀看似相同，不過其實來自不同的源頭。就好比兩種自拍的原因，一是因為你覺得自己很好看，不能只有自己看到，所以要自拍（自大型）；以及你自拍是因為覺得很沮喪，想要尋求外在的肯定（脆弱型）。行為相同，但

自拍可能源自於自大型自戀或是脆弱型自戀。

是背後的理由卻有天壤之別。沒有任何一種單一行為就會讓你自戀分數很高，但是有越多這種行為，就越可能被歸類為高自戀程度者。

在 2019 年發表的一份研究中，約書亞・格拉布（Joshua Grubbs）發現，不管人們的年齡有多大，都會把青少年以及「剛成年的人」，當成是最自戀、也最覺得「唯我獨尊」的年齡。就跟你預期的一樣，他們也發現這種觀感年紀越大就越嚴重。換言之，在千禧世代與評價他們的人之間，年齡差距越大，就越覺得千禧世代很自戀。

2008 年，珍・特溫格（Jean Twenge）及研究團隊想找到世代差異背後的真相，他們比較了 85 個於 1979 到 2006 年間填寫過自戀人格量表參與者的樣本，發現在這段期間，美國大學生的自戀程度上升了 30％。許多學者認為這種趨勢將會持續，如果是這樣，我們就真的是越來越自戀了。

特溫格發現的這種趨勢，早在社群媒體問世以前就開始了，所以這樣的改變從何而來？他們認為這可能是社會中日益增長的個人主義。如果是這樣，那麼越來越多年輕人得到更高的自戀分數，可能就是因為環境改變，而非心智狀況的變化。沒錯，我們會在網路上公開自拍照，看起來也的確很自戀。但是這些自拍貼文背後有千絲萬縷的原因，目前對於自戀的想法，是否能夠捕捉到這種新的現實狀況？

正如學者基思・坎貝爾（KeithCampbell）於 2001 年寫道，「自戀也許是在面對現實世界時，一種機能與健康的應對策略。」在這種情況下，也許正是時候讓我們重新省思這種多樣化的現象。（陳毅澂譯）

茉莉亞・蕭 Julia Shaw
英國倫敦學院大學副研究員，犯罪心理學專家

何謂高敏感？
害羞就等於內向嗎？

有幾位名人宣稱自己為「高敏感人士」。
這個詞代表什麼？我們如何辨別跡象？

紐西蘭歌手蘿兒（Lorde）是名列「高敏感人士」（highly sensitive person）的名人之一，她自稱個性特質「並不適合過流行歌手的生活」，而且需要很長的獨處時間才能從繁重的工作中恢復元氣。

其他超級巨星像是「肯爺」肯伊・威斯特（Kanye West）和妮可・基嫚（Nicole Kidman），他們都給自己貼上了這張標籤，顯然是因為這樣有助於他們解讀自己的經驗。

肯爺曾表示自己
是高敏感人士。

「高敏感人士」一詞是何時開始出現？

這個字源起於 1996 年美國心理學家伊蓮・艾融（Elaine Aron）一篇無名的諮商論文，後來在 1997 年因一篇廣受引用的研究論文獲得了關注。這篇論文是由依蓮與丈夫亞瑟（Arthur）共同撰寫，文中指出，高敏感度的性格特質與害羞或內向有所關連，但並不相同。另外還觀察到，高敏感人士的一個關鍵特質是他們都具有「感官處理靈敏度」（sensory processing sensitivity）。

何謂「感官處理靈敏度」？

艾融夫婦根據與幾十位敏感學生的訪談歸納出結論，他們表示，每個人呈現感官處理靈敏度的樣貌各有不同，包含對「細微處、藝術、咖啡因、飢餓、疼痛、變化、過度刺激、強烈的感官輸入、他人情緒、媒體中的暴力，以及受到觀察」比一般人更加敏感。

整體而言，高敏感人士（估計此族群占人口的 15 到 20％）比一般人更容易受到外在世界的影響，他們對事物的反思與處理更加深入，也更有同理心。

值得注意的是，心理學文獻中有個相關但更注重孩童的概念指出，有一小部分的孩子就像是「蘭花」，他們對生長環境非常敏感，在環境艱難時會枯萎，受到支持時則能成長茁壯。大多數孩子則是形成對比的「蒲公英」，他們只要不被忽視，無論周圍環境是正面還是負面，大多時候都還是能長得很好。

如何判斷自己是不是屬於高敏感族群？

艾融夫婦設計了一份「高敏感人士量表」，當中的問題包括：你容易因強烈的感官輸入感到不知所措嗎？別人的心情會影響你嗎？你對咖啡因特別敏感嗎？你對一次處理很多事情會感到不快嗎？你容易受驚嚇嗎？嘈雜的噪音或混亂場面等強烈刺激是否會干擾到你？

正式量表裡包含 27 道類似的問題，符合的項目越多，就越有可能是高敏感人士（網站 hsperson.com 也有提供免費測驗）。

為何有些人會這麼敏感？

艾融夫婦和同領域的學者認為，高敏感特質是家族遺傳且具有生物學基礎，其中一點就是對壓力比一般人更加敏感。就神經層面而言，部分腦成像研究已辨識出高敏感人士與對照組之間的差異，像是在處理視覺任務時，高階視覺處理區域的活動

妮可．基嫚曾在訪談中說，大多數演員都是高敏感人士。

會增加;在查看伴侶的照片時,與同理心相關的神經區域也更加活躍。

伊蓮與同事在 2019 年發表的評論指出,「具有高感官處理靈敏度的人直覺靈敏、善於『感受』及統整資訊,以及對他人的情緒狀態作出回應。」然而他們也承認,高敏感人士的生物學基礎和成因研究「仍處於起步階段」。

另一項研究則顯示,高敏感人士也更容易面臨心理和情緒障礙,敏感的人格特質與自閉症等疾病之間的關係亦有待探究(自閉症也經常與較高的感官靈敏度有關)。

高敏感人士如何處理壓力或應對不知所措的感受?

伊蓮和她的同事表示,正念介入措施可能有助於高敏感人士處理壓力或應對不知所措的感受,像是認知行為治療、正念認知治療,或接納與承諾療法,都能用來管理情緒反應。伊蓮等人指出,意識到自己是高敏感人士,可能是很重要的第一步。

如果高敏感人士這個概念引起了你的共鳴,且有助於你照顧好自己的心理健康,那肯定是件好事。然而許多人格研究學者也認為,高敏感人士的概念與強烈內向、高度情緒反應(即高度神經質),以及對經驗持開放態度並沒有太大區別,普及又成熟的「五大」人格模型早已掌握了這些面向的人格。

比方說,有兩位德國心理學家於 2021 年發表了一篇詳細的統計評論並總結道,雖然艾融夫婦在 1997 年發表的論文很有影響力,也「提出了一些有趣的想法」,但「感官處理靈敏度的實證基礎目前還很薄弱」。(黃妤萱譯)

克里斯提安·傑瑞特 Christian Jarrett
認知神經心理學家和心理學作家

如何克服社交焦慮？

**每年都有各種節日到來，
許許多多的派對散發著令人恐懼的氣息。**

社交這件事讓許多人備感恐懼，無論是職場的聖誕派對、家庭的新年除夕或是三節團聚。如果節慶期間的聚會讓你壓力爆表，首先你要知道你並不孤單。當然嚴重程度有高有低，但是對於社交感到緊張是非常普遍的現象。

之所以會如此，原因在於我們的演化歷程。在先祖的歷史當中，人類需要團體合作以求生存。這就是為什麼我們發展出對社會事物極為敏感的直覺，為何會對名聲和地位非常在意，以及為何我們害怕出醜或是被排擠。

但不要忘記，社交場合是一種機會，而不是威脅，這是一個能夠製造共同回憶、產生連結與享受歡樂的機會。試試喚起對於這些活動的希望，作為減輕焦慮的第一步。例如回想一些美好的社交場合，你在其中獲得了快樂並結交到新朋友，不管這些案例有多罕見。

接下來，從實際的視角出發，能夠減輕社交焦慮最有效的方法是謀定而後動並主動出擊。所以，與其坐等社交的義務如烏雲般揮之不去，不如清楚了解自己真正想要的、需要採取的行動是什麼。

如果你有很合拍的朋友，不要等待他們來找你，而是主動出擊邀請他們（你的邀請可能讓他們很驚喜）。如果你覺得聊天很困難，試試看先做一點準備，跟上時事與運動新聞，就會有些話題為這些攀談增添光彩。

如果你天性安靜，不太熱衷於社交，使用所謂「如果－那麼」的計畫會有所幫助，這能讓你不會第一次參加聚會就愣住或感到手足無措。例如，如果對話到一半不知道怎麼接話，那麼就問問坐在隔壁的人對於馬斯克接手推特（現在它叫做 X 了）的感想；如果感覺落單了，那麼就去找聚會裡看起來最友善的人，問他們一個問題像是，「新的一年有沒有什麼計畫？」

　　有些心理學研究發現可能會讓你安心。其中我最喜歡的是美國華盛頓大學的心理學研究，研究中詢問具有社交焦慮的志願者，為與某位特定朋友的關係品質評分。接著研究人員去找那位朋友，詢問他們對於關係品質的評分。研究結果令人欣慰，朋友對於關係的評分比具有社交焦慮志願者的還要正面。也就是說，你的朋友可能比你想像的更喜歡你。

　　還有另外一個令人感到安慰的研究，讓心理學家可以提出「聚光燈效應」（其他人對我們的關注程度在想像中比實際更高）。其中包括志願者在團體中穿著尷尬的衣服，並評估有多少人會注意到。絕大多數的志願者都會高估有多少人注意到他

注意可能感到落單的人，試著讓他們覺得有歸屬感。

你沒有必要接受每個邀請。如果你只接受想參加的邀請，你會更享受其中。

們穿的丟臉服飾，實際上，其他人根本沒有那麼注意他們。為衣著或是要說什麼感到不安時，提醒自己這一點。其實很多人都已經自顧不暇，不如你所想像的對於你有那麼多評斷。

確實，過度關注自我是社交焦慮最主要的驅力。持續監測你自己的行為與發言會活化你的神經，最壞的情況是會讓你的行為更加笨拙。任何可以讓你跳脫出來，並將注意力集中在外界的方式都可以減輕焦慮。你可以建立另一個「如果－那麼」計畫來幫助你：如果發現自己自我意識過剩，那就將注意力轉移到正在說話的人說了什麼，或者他們的衣著。

更進一步來說，何不為你自己設立一個小目標：若是發現派對上或者晚餐時有其他感到不自在或落單的人，就成為他們的守護者。一定會有其他人有這樣的感受，而你可以給予他們更正向的經驗。

總之，切記逃避（不管是足不出戶或是過量飲酒服藥）對於焦慮永遠都沒有效果，只是讓情況更嚴重。就像所有生命中讓我們備感困難的挑戰，只要練習就能增進社交技巧。

但是不要對自己有過高期望，掌握步調並盡力表現。事先計畫，並將注意力集中在身邊的人們，也許你甚至會從中得到一點樂趣。（陳毅澂譯）

克里斯提安‧傑瑞特 Christian Jarrett
認知神經心理學家和心理學作家

如何辨識有害關係？

社群媒體有許多影片指出你可能身處有害關係的跡象，
但要找出有害的伴侶是否真的那麼容易？

面對事實吧，天作之合非常稀少，甚至根本不存在。任何一段感情都需要投入以及妥協，有高峰也有低谷。許多感情最後都以分手作收，這也許是大多數感情的結局，有些感情在不忠或巨大爭執之後戲劇性的結束，有的則是漸行漸遠。

然而有害關係（toxic relationship）不同，這種感情不只是一路坎坷、爭執或是浪漫不再，它的錯誤不僅嚴重，還會造成傷害。社群媒體充滿猜測與警告，暗示你可能身處這種令人擔憂的錯誤當中，但是科學對此有何說法？

「有害」（toxic）這個標籤並非科學術語，但是這個詞語通常用來暗示某個人對伴侶正在進行某種有害的控制或虐待，包括身體上的虐待或心靈上的虐待，也可能兩者皆有，若身處其

控制行為有許多種形式。

覺得你的伴侶在牽制你？當伴侶控制你時，你可能會感到被困在一段關係中。

中通常會有受害者的感覺或是無法從關係中離開。比較少見的是兩名伴侶對彼此都具有不同種類的有害行為。

最明顯的警訊可能是你的伴侶威脅你的人身安全，或是已經有實際的暴力行為（除了合意與安全的性行為以外）。想要了解這種身體威脅的感覺如何，在家庭暴力研究中使用的問卷可以讓我們一窺端倪。例如「女性受虐經驗量表」中的問題包括「即使在家中，他也讓我覺得不安全」，以及「他不用動手就能讓我感到害怕」等。這份問卷的對象是受到男性施虐的女性受害者，不過實際情況是，無論任何性別或是性向，每個人都可能會成為被虐待的目標。

有害控制的其中一種特定形式與性脅迫有關，這是透過身體或其他形式的威脅或操控，強迫發生無意願的性行為。研究人員使用各種量表測量這方面的行為，其中之一是「親密關係性脅迫量表」，其中的問題有「如果我不願與他進行性行為，我的伴侶會威脅要與其他女性發生性行為」，以及「我的伴侶告訴我與他發生性行為是我的義務與責任」。

當人身安全受到威脅與傷害，並且發生違反意願的性行為，大多數人立刻就知道這在任何一段關係中都是危險的警訊。但廣義上的心理脅迫與虐待也逐漸被認為是虐待行為，這是另外一種警訊。2015 年，英格蘭與威爾斯修法引進了「控制或脅迫行為」的新種罪行，將心理控制造成的情緒或心理傷害納入管制。

心理控制與脅迫有許多形式，比如讓人無法獲得經濟或情緒

上的援助，限制與朋友家人的往來，使用間諜軟體或者其他裝置監控你的行為，讓你感覺自己沒有價值（例如透過侮辱或者公開羞辱），並強迫你服從讓你感到被羞辱的規則。如果你的伴侶讓你質疑自己的判斷，這也是一種操控，有時被稱為「煤氣燈效應」（gaslighting）。

研究人員如何測量這方面的行為可以帶來一些想法，例如西班牙馬德里自治大學的研究人員最近調查了為何青少年受害者會身處虐待身體的關係。他們使用一種心理強迫的測量方法（特別是對於關係保持承諾），其中包括諸如「我的伴侶讓我相信除了關係之外的人生是沒有意義的」，以及「我的伴侶讓我覺得必須感謝他／她才能維持這段關係」等說詞。

以上這些提到的警訊都發生在對方的行為中，指出你身處於有害的關係裡。但其他重要的因素是這段關係帶給你什麼樣的感覺，不管是在身體上或心理上。

如果你的關係造成的壓力會嚴重影響你的睡眠，如果你一直感到情感枯竭（例如被迫感到有罪惡感、羞辱感或害怕），如果你出現身體上的症狀，因為關係造成的不愉快與壓力（例如胸部的緊迫感、噁心或是持續頭痛），以及／或是你發現自己經常害怕見到伴侶，這些都是你的關係變成有害關係的跡象，應該考慮離開這段關係。

如果你感到無力，或者對於和伴侶談論結束一段有害關係感到害怕，不要默默承擔。你可以尋求許多種援助，不管是向朋友或親戚求助，與你的家庭醫生談談，或是聯絡專門援助服務，例如當地的安全防護服務，或是虐待受害者的庇護所。
（陳毅澂譯）

克里斯提安・傑瑞特 Christian Jarrett
認知神經心理學家和心理學作家

為何毛孩去世跟失去家人一樣令人心碎？

研究發現，失去寵物帶來的悲痛程度堪比家人過世。

不久前，有人曾發表過一篇標題為「失去寵物跟失去摯愛一樣痛苦」的文章，對許多人來說，這個標題無異於是說「股骨斷掉跟斷腿一樣疼痛」。這件事還用說嗎？股骨跟腿本來就是同一回事，只是前者用了比較具體的詞彙罷了。

不過，並非所有人都認同寵物的地位如此重要。有些人知道別人家的寵物過世時，往往就說「弄一隻新的狗狗來不就得了」。確實，從法律來看，寵物不過是財產，有錢即可入手，死了一隻再換一隻沒什麼大不了，對吧？

不在意寵物的人或許這麼想，但這件事大錯特錯。

首先，人腦非常擅長建立強大的情感連結，即使連結的對象素未謀面或不存在亦然。人類甚至可與無生命的物體產生情感依附，如果該物體遺失或損壞，便會產生深刻的失落感。

由此可見，人類更可能與其他非人類的生物建立有意義的情感連結，實際上也的確常常發生。對此，有人或許還是會嗤之以鼻：人怎麼可能跟話都不會說的生物建立情感羈絆？事實證明，不但可以，還容易得很。

人類為何會在意寵物？

儘管寵物不一定能提供跟人類一樣的智識或認知刺激，但牠們在喚起情感連結上仍有優勢。一大明顯優勢在於多數寵物往

往身形嬌小，頭部和雙眼在比例上顯得較大，與人類嬰兒有許多相似之處，導致人腦出自本能與情感地想加以照護。人類嬰兒無法給予智識或認知上的刺激，但我們不會認為他們無足輕重，要是有人這麼看待我們的下一代，人類可能便將迎來末日。

　　人類和其他靈長類動物是非常重視「觸覺」的生物，建立人際連結時往往由接觸動作開始。正因如此，狗、貓、兔子、倉鼠、雪貂等各種寵物雖沒辦法妙語如珠，但只要能夠給予飼主溫暖抱抱，仍可觸動人腦中的情感按鈕。

　　當然，並非每種寵物都有如此能力。毛茸茸的哺乳類動物和某些羽翼豐軟的鳥類或許辦得到此事，可是爬蟲類、昆蟲和魚類則較有困難。不過，情感豐富的人腦仍可破除這層障礙，對

狗真的可能是人類
最好的朋友嗎？

較不「親人」的生物產生連結，這可能也解釋為何失去某些寵物「比較不那麼心痛」。

話說回來，寵物的認知和互動能力有限，其實反倒可能讓人寵之間的情感連結更加強大。人腦至今演化出許多複雜的機制來與他人互動，例如同理心、心智理論能力、模仿力、印象管理能力等。這些認知能力雖然令人驚豔，但其中多少參雜了一些操控和欺騙的元素，不免讓我們與他人建立的連結都蒙上一層不真誠的陰影。對方說這句話是不是真心的？他做這件事是否心懷鬼胎？就算我們百分之百相信某人，心裡還是知道對方可能不盡誠實，這點最終會影響大腦對這些人的看法。

換作是寵物，事情可就不一樣了。我們看到興奮迎接飼主歸來的狗狗時，能清楚知道牠的行為發自真心：畢竟狗沒有說謊

我們應該認定狗搖尾巴是「感情洋溢的興奮舉動」或只是「犬類的原始行為」呢？

的能力！要是家中的貓咪爬上我們胸口發出陣陣呼嚕聲，我們也不太會認為牠心懷不軌。

的確，坊間有人認為人類不該過度詮釋寵物的某些舉動，例如，「貓咪才不是想跟你討拍，牠只是需要溫暖的地方睡覺。要是你在家裡死掉，牠可是會把你當成食物吃了。」不過，考量到人腦的運作方式，這些詮釋是真是假根本不重要！

無論是去世已久的黛安娜王妃，還是近來辭世的女王伊莉莎白二世，許多致上哀弔之意的人其實從未與她們親身互動，因此箇中的情感依附無非是想像產物。寵物同樣如此，如果大腦認定狗搖尾巴是「感情洋溢的興奮舉動」，而非「犬類的原始行為」，那麼對大腦來說事實就是如此。

同理，如果我們能跟寵物建立與其他人類一樣強大的情感連結，那麼正如研究所發現，我們在寵物過世時也會感受到程度相符的悲痛。由此可見，失去寵物帶來的悲傷應該跟失去家人或摯愛一樣認真看待，畢竟對人腦來說兩者並無二致。

理想上來說，現有的關懷機制應該承認寵物之死亦是一大悲傷來源，而且心碎程度可能等同於失去人類摯愛，有時甚至有過之而無不及。畢竟要是父母去世，可不會有人來指指點點，「你媽死了？放心，還可以領養呀，再領養一個新媽媽不就好了？」如果有人對喪母之人這麼說，肯定會被輿論大肆撻伐。這並非要大家撻伐那些不重視寵物的人，但失「寵」之痛未必不如喪失至親之悲。（吳侑達譯）

迪恩・柏奈特 Dean Burnett
神經科學家和心理學作家

如何協助菁英體育選手保持良好心理狀況？

菁英奧運選手面臨的心理健康問題引起人們注意，
讓心理學家來解釋該如何協助他們。

奧運體操選手西蒙・拜爾斯（Simone Biles）和網球名將大坂直美（Naomi Osaka）都曾因擔心菁英比賽的壓力影響到他們的心理健康而選擇退賽，運動員的心理健康問題因此很快成為公眾關注的焦點。

這兩位選手都強烈擔憂身處激烈競爭環境的持續影響，也都主張精神頹喪是退賽的正當理由。儘管有些記者缺乏同情心，認為這些高薪選手應該承擔並處理壓力，但我們不應輕易否認菁英運動員需要維持他們的心理健康狀態。畢竟運動選手也和我們一樣是人，儘管他們有特殊天賦而能參加頂尖的體育賽事，並不表示精神狀況就不會低落。

有些評論人士說這兩位選手純粹是心理不夠堅韌，但在經過多年訓練和準備後決定退出這麼備受矚目的比賽，恐怕比決定繼續參賽更加困難。再者，如果她們是以身體受傷為由，例如膝蓋受傷，可能就根本沒人會質疑為什麼她們要退賽。

那為什麼菁英選手會承受如此大的壓力，我們又如何從這次的經驗中學習，為日後的心理健康問題做更好的準備？為此，我們必須了解有哪些因素把世界級賽事變成壓力這麼龐大的環境。

首先，比賽勝負只是一瞬間的事。就拿一個志在奪得奧運金牌的體操選手來說，一次失誤或一個閃神，心願就會在瞬間落空。運動選手長年累月接受訓練，就為了在那一刻發揮出最佳

實力。

如果再加上他們代表一整個國家，而且意識到成千上萬的人，包括自己的家人和朋友，都在關注他們的表現，這就產生了龐大的壓力感。因此菁英選手會感受到圍繞著比賽的強烈情緒，有一部分可能是心情的不愉快，例如對不確定的結果感到焦慮，如果他們預期自己無法發揮實力，可能會感到內疚、羞愧和痛苦。

最近有跨國研究團隊針對 600 項研究進行了有系統的探討，把運動員的表現與他們在一種常用的情緒分析測驗中的得分做比較；該測驗是專門設計以評估測驗者憤怒、困惑、抑鬱、勞累、緊張和活力的相對程度。他們發現，心理健康狀況低落和運動表現不佳，都和不愉快的情緒狀態獲得高分以及活力方面獲得低分有關。嚴格說來，情緒狀態分析是可用來處理運動員心理健康的策略之一。

體操選手拜爾斯在 2020 年奧運中途退賽後，教練前來安撫她。

在運動競賽前和比賽期間感受到的情緒，也會顯著影響選手的各方面表現，小至與隊友的互動，大到提升自身的運動成效。因此，運動心理學家認為情緒調整是很重要的技能。

在描述運動員如何調整情緒方面，運動心理學家發展了一套理論模型，基於五種策略：情境選擇、情境修正、注意力運用、認知變化和反應調整。

情境選擇是指選手主動選擇處於一種情境而非另一種情境的過程，情境修正則是指試圖改變環境的外在層面。不管做了哪一件事，都會讓選手更有可能達到理想的情緒狀態，或是避免不理想的狀態。

注意力運用是指選手讓注意力從可能對情緒有負面影響的事物轉移的過程。比方說可以戴上耳機聽音樂，避免在上場前聽到眾人喧嘩。

認知變化是指選手有意識地改變事件的意義。舉例來說，足球員若沒踢進罰球，也許可以重新評估自責的程度，改說，「剛才的射門很漂亮，但守門員救球救得更精采。」

最後，反應調整是指用來盡可能直接調整情緒的生理及認知層面的策略，這有可能牽涉到像是漸進式肌肉放鬆或定心（centring）等方法。

那麼我們有什麼因應之道？我們已認識到頂尖選手容易感受到精神頹喪，因此提供支持很重要。發展出介入策略，協助選手提升情緒調適力，幫助他們照顧好自己的心理健康，應該是訓練計畫的關鍵。這和我們只是等運動選手出現心理健康問題之後再去處理其影響的做法相反，預防勝於治療，樂觀的心理健康應該是所有選手努力達到的目標。（畢馨云譯）

安德魯・藍恩 Andrew Lane
英國伍爾弗漢普頓大學運動心理學家，教育、健康和安康學院卓越研究主任和副院長

孤獨感已成現代社會常態

不管老少貧富，我們許多人都會在生命中某個時刻渴望與
其他人有社會連結；但孤獨感未必是不可免的。

因為疫情，社會連結顯然不再總是受到鼓勵的行為。但在
疫情以前，逐步升高的孤獨感就已經備受關注。在不久
之後的未來，也將繼續是人們的焦點。

人類是極具社會性的物種，社會互動在我們的思考、行為及
自我觀感當中均扮演要角，因為大腦有很大部分都跟社會認知

在新冠肺炎疫情之前，對
於社會隔離，以及它對心
理健康的影響，就已經有
很多擔憂的聲音。

有關。完全剝奪某個人的社會接觸，是虐待行為的其中一種。

人類的身心健全仰賴於人際互動與關係，無怪乎長期的孤獨感跟許多種嚴重的健康不良有關，例如增加憂鬱、焦慮、失智、中風以及心臟疾病的風險，所以我們需要認真看待孤獨感盛行這種現象。

那麼孤獨感是不可避免的嗎？人類注定要經歷孤獨感嗎？不可否認，人類具有社會性，也演化成適應部落生活，在這種生活型式中，一群人終其一生（短暫的一生）都相處在一起。這種社會性無疑塑造了我們的工作型態，以及人類的樣貌。

以更宏觀的角度來看，至少到近代的已開發國家中，一般人的人生跟這樣的型態差異並不大。通常我們生活、工作，並在緊密的社群裡建立家庭，所有人都彼此認識，而且身邊總是有人陪伴。在現代社會中，這卻是日益罕見的現象。這都得怪資本主義、新自由主義、個人主義、全球化、科技發展，或是任何造成這種變化的罪魁禍首。

其實，終其一生都處在同一社群或地區早已不是現在的常態。我們許多人都會為了讀大學而離鄉背井，甚至為了工作以及更好的機會跨越不同大陸。雖然這可能在個人層次是最好的安排，但這也代表我們常常無法「落地生根」，或根本沒有機會這麼做，也因此無法建立能夠防止孤獨感的友誼網絡及關係網絡。如此一來，在這個我們咎由自取的世界中，孤獨感是否無法避免呢？

那倒不盡然，因為孤獨感的機制並不如我們想像的直截了當。傳統上，我們會想像一位過了退休年齡的獨居老人，在現代世界以及時間的摧殘下失去與好友及家人互動的能力。

社會中的確有許多這樣的例子，但最新的證據表明，實際情況更加複雜。例如 2018 年一份針對兩萬名美國人的調查發

現，年長者經歷的孤獨感比年輕世代更少，即便年長世代對於孤獨感更加無能為力。根據美國哈佛大學最近的研究，較年長的青少年以及年輕成人似乎對於孤獨感的反應最大，特別是在疫情期間。這其實在某方面是有道理的，年長者活得更久，所以有更多時間培養穩定的關係，而年輕人就不是如此。

另外，邏輯上年輕世代更容易感受到孤獨感，畢竟他們的大腦對於同儕評價及關係特別敏感。再加上年輕世代身處的世界要求更高，不確定性也更高，培養關係的傳統方法變得更加不可行。

主要議題在於，年輕人還有大把時間跟能力去結識新朋友，以及建立有意義的社會連結，但是孤獨的年長者鮮少能夠這麼做。同時一份英國國家老齡研究所最近的研究發現，孤獨感與社交孤立似乎有所不同。這代表一個人實際上可能可以斷絕與

生長在網路時代的人擁有能在網路與人建立有意義之連結的能力，年長者則感到很困難。

人類接觸，但是不一定會感到孤獨。反之亦然，你可能交遊廣闊，但卻依然感到孤獨。這是有可能的，因為孤獨感來自缺少有意義且具備情感回饋的連結，只要你能感受到一些這樣的連結，你可能還是能避免孤獨感。

孤獨感不盡然是不可避免的，我們身處的世界不斷變化，長久以來建立的培養關係或是群體感的方法，常常已經不適用。人們經歷的孤獨感，可能就是這種改變的後果。

最近的研究顯示，孤獨年長者學習使用社群媒體的經驗，對於孤獨感的影響微乎其微，不過對於生於網路、長於網路的年輕人而言，他們已經習慣在網路上建立有意義的關係（這有好有壞）。除非在此期間發生什麼劇變，這代表當年輕世代變成年長者時，透過網路減輕孤獨感對他們將不會是難事。

總而言之，可以說逐步升高的孤獨感，的確是在變動不居的世界與社會中，一種常見的結果。但是隨著遠端科技連結的接受度提高，以及反對壓抑或否定情緒的想法越來越盛行（特別是鼓勵男性表達情緒），很可能能夠反制孤獨感。

孤獨感可能是很多人多年以來的經驗，但是這並不代表孤獨感是永久的，也並非不可避免的。（陳毅澂譯）

迪恩・柏奈特 Dean Burnett
神經科學家和心理學作家

名流為何總愛怪異風潮？

為何知名巨星對於問題重重的健康產品及風潮
總是趨之若鶩？

2019 年，漫威宇宙系列知名演員喬許·布洛林（Josh Brolin）的肛門曬傷了。

這句話讀來那麼地不真實，卻是千真萬確的事實，在背後推波助瀾的這股怪異的養生風潮是「會陰部日曬」（將肛門到生殖器之間的皮膚直接暴露在陽光下日曬）。在無數養生風潮、潮流飲食以及有問題的產品及療程中，這只是冰山一角，這些聲稱能夠增進健康與保養外貌的養生法充斥在我們的現代社會中。其他還包括「吸血鬼做臉術」（將自身的血液純化後注射入臉部）、「咖啡灌腸」（顧名思義），這眾多可疑的作法多數來自葛妮絲·派特洛（Gwyneth Paltrow）的 Goop 公司。

這些風潮與做法經常誇口對於健康有極大的助益，但是很少提供扎實的證據。但儘管如此，它們還是風潮不減。就算有所變化，也是變得更加流行，更勝以往。這種循環總是令人失望地一再發生，一線演員、顯赫的名人，現在甚至包含各種社群媒體上的網紅，他們總是聲稱找到新的方法增進健康、保持勇健或是找回失去的青春。

雖然這些說法通常都不具任何科學根據、荒謬可笑，而且不忍卒睹，有時候甚至會造成傷害，倡導者沒有經過任何醫學訓練或相關背景，但仍有無數的人接受這些做法，彷彿它們就是生命的萬靈丹，以及永恆的青春泉源。

這種現象再三發生，大眾對於健康的理解，總是受到名人

的影響更多，比大多數的醫生有更高的影響，這點看似毫無道理，就許多方面來說也是如此，但卻似乎是無可避免的。

我們的大腦有數種基本特性，可能是名人養生風潮之所以能夠持續那麼多年的原因。首先，人體構造極其複雜。醫生必須要經過約十年的訓練，才能獨當一面進行治療與增進人們的健康，但即使到了這樣的境界也還有許多未知之處。一般未經醫學訓練的普通人根本不可能達到這樣的洞見與理解，所以未必能夠準確區分有幫助的健康療法與風靡一時的偽科學與無稽之談，特別是當後者透過「官方」醫學來源且未經評判的呈現在眼前時，而這也是常態。

派特洛的生活風格品牌
Goop 因為販售偽科學
養生產品而受到抨擊。

人類大腦也會本能地選擇最不費力，同時獎賞最多的選項。持續運動、健康飲食，或是強效藥物？這些都很費力，或是令人不適。所以，如果某人告訴你有一個方法可以讓你更健康，而且比常規做法更輕鬆，許多人的潛意識就會想要相信那是真的，也會有嘗試的動機。

這些養生風潮根本是信口開河，但是這點並不如你所想所願的那麼重要，一旦我們下定決心，大腦常常不願改變想法，即使有眾多證據與之背道而馳。

的確，有很多健康風潮看起來愚不可及，甚至令人不忍側目：它們確實許多都涉及我們最私密的區域，在那裡放進奇怪的物品，或是放在它的上面。但人們不是應該為此卻步？也許對許多人來說是如此，但對於其他人，反而增加了可信度。「我怎麼之前都沒聽說？喔，這是因為它必須把東西塞進某處（任選一個孔洞），沒有人敢這麼做，我可沒那麼膽小！」

這麼說也許有點誇張，但是我們的大腦常常進行這樣的心靈體操。為何總是名人擁戴這些風潮？因為這些人很有名、備受愛戴，甚至有一批崇拜者；名人代言是歷史悠久的行銷廣告工具。切記，在我們的演化歷史中，很大一部分的資訊來源是其他人類。這也就是為何，即使科學與理性的擁護者反對，道聽塗說的證據依然到處都是，特別是當它來自某個「地位崇高」的人時。我們想要效法他們的行為，想要擁有跟他們一樣的東西，讓我們能夠看起來享有跟他們一樣的崇高地位。這是代言之所以成功的原理。

我們也更容易相信與我們情感上有所連結的人。雖然醫生與科學家的規則與規範限制他們不能與他人有過多情感連結，也不能過度接觸，但名人不受這樣的限制，這代表在普通人眼裡，名人的說法必然比成一家之言的專家更有分量。

　　為何名人一開始會建立或是擁戴這些荒誕不羈的風潮呢？有許多可能的原因，但是其中之一是我們的想法與世界觀強烈受到周遭人士的影響，他們的所思所言影響甚鉅。我們的大腦吸收這些資訊，並將其整合進自身的意識過程。然而，影視圈人士似乎對於養身、身心安寧與快樂相當重視，如果人生中無時無刻每個人都跟你說你是對的，那麼你很容易對於自己的智慧與理解自我膨脹，相信並推廣可疑的健康風潮只是其中一種可能的結果。

　　所以確實，健康與養身風潮很流行且廣為流傳來自許多原因，雖然它們完全沒有科學根據。這其中有很大一部分是源於我們大腦的運作方式。所以下次又聽到關於增進健康、幫助養生的可疑新說法時，你應該小心謹慎，因為你可能會被曬傷，而且還是在非常私密的部位。（陳毅澂譯）

迪恩・柏奈特 Dean Burnett
神經科學家和心理學作家

CHAPTER **3**

科技與環境

繽紛的行人穿越道：
馬路不再如虎口？

英國理事會正在改良行人穿越道，希望能讓更多人安全過馬路。然而科學並不是非黑即白……

倫敦街頭一向色彩繽紛，如今又將更上層樓，當地主管機關參與了瀝青藝術行動，決定在行人穿越道彩繪當地的代表花色或其他同樣亮眼的圖樣。這些由英國各地理事會設置的「彩色行人穿越道」當中，有些並不只是為了美觀，而是為了預防發生行人事故，像這樣的改良型穿越道是以行為科學的名義所建造的。

英國有兩個城市於 2021 年 10 月完成活力美學的前導試驗：利物浦和赫爾。前者在 2019 年每 10 萬人中有 99 名成人因行人事故死亡或受重傷，是英國該年度最糟糕的城市；赫爾則是每 10 萬人中有 44 人。

「我們將這些五顏六色的行人穿越道稱為『助力』，因為在都市中的行人可以選擇要在哪裡過馬路。」參與這兩項試驗的顧問公司 So-Mo 的行為科學主任荷莉・霍普－史密斯博士（Holly Hope-Smith）說，「我們嘗試將原有的穿越道變得更明顯，提高行人使用的慾望。」

儘管霍普－史密斯承認國際上幾乎沒有彩色行人穿越道的相關研究，不過 2004 年澳洲學者的研究指出，行人穿越道的彩色路面對於行人安全（碰撞次數與傷害嚴重度）有正面的效果，他們建議應該在「繁忙」與「複雜」的行人環境裡設置這樣的路面。

而 2003 年，有項美國研究顯示，41％的受訪者在走路時會
比較喜歡有顏色的路面。不過有其他的設計更受歡迎，83％的
受訪者表示設置在道路中段（非路口處）的行人穿越道會影響
他們穿越馬路時的選擇，74％的受訪者指出行人交通號誌會影
響他們過馬路時的行為。

　近期則有公益組織「更美好的南岸區」（Better Bankside）在
2017 年針對倫敦南華克街十字路口設置的藝術作品所提出的報
告，「我們的行動確實使受訪者更傾向使用該行人穿越道，有
68％的受訪者告訴我們，這個藝術創作讓他們感到更愉快。」

這個行人穿越道是由 So-Mo
的行為介入部門設計的，目的
是鼓勵在利物浦易肇事地點的
行人多多使用行人穿越道。●

然而明亮的色彩並非適合所有人，自閉症人士表示他們在面對彩色路面時會不知所措，並就此提出疑慮；導盲犬飼主也反應他們的狗被這些設計搞得一頭霧水。「彩色的行人穿越道會讓視力不足的人和他們的導盲犬完全迷失方向。」視障社運人士艾米·卡瓦納博士（Amy Kavanagh）說，「有些彩色穿越道真的會造成生理上的痛苦，讓人失去方向，搞得我頭暈。我的導盲犬也感到困惑甚至苦惱。」

英國西敏寺大學的瑞秋·奧垂德博士（Rachel Aldred）在2018年時分析2007到2015年的資料，結果顯示身心障礙人士被動力車輛所傷的機率是非身心障礙人士的五倍：身心障礙人

這些吸睛的行人穿越道可能
讓身心障礙人士迷失方向

士每走約 160 萬公里會通報 22 起受傷事件，反之，非身心障礙人士則是 4.8 起。

一個由阿茲海默症協會、英國皇家愛盲學會和失能者慈善組織等公益團體組成的聯盟，在 2021 年 9 月發表了一封給倫敦市長薩迪克・韓（Sadiq Khan）的公開信，提出對於瀝青藝術行動在安全性和無障礙上的疑慮，信中寫道，「這項計畫貼切說明了如果沒有嚴肅看待公眾事務會發生什麼情況：會很遺憾地出現各種既不便民又無法各方兼顧的方案。」同時也附上有學習障礙的人在努力要將這些藝術作品解讀為行人穿越道時，所遇到的種種困難。

韓市長後來在回應中表明他已經要求倫敦交通局（TfL）「暫時停止」設置彩色行人穿越道，這項決定是「鑑於人們日益關注」這些穿越道對身心障礙人士的影響，並依據 TfL 最新的研究結果。韓市長補充說，將在與代表身心障礙人士的各個組織討論之後，擬定新的彩色穿越道規範指南。

儘管不同族群的需求出現矛盾，但也引發了對話，從而尋求最能包容各界的解方。那麼該如何打造亮麗的行人穿越道以防止行人發生事故，但又不會產生新問題而讓身心障礙人士暴露在風險之中？

「設置這些穿越道是為了強化既有的智慧行人穿越道。」霍普－史密斯表示，「原本為了有身心障礙的用路人所設置的提醒裝置全都保留著，包括觸控感測器，和可以過馬路時會響起的提示音，我們從來沒有更動這些裝置。」（賴毓貞譯）

連姆・奧戴爾 Liam O'Dell
曾獲獎的聽障記者兼社運人士。定期為英國的《獨立報》（The Independent）以及頗受歡迎的聽障新聞網站《跛腳雞》（The Limping Chicken）撰稿。

保護電腦 3C 裝置的
更好密碼

Google 的新型密碼金鑰提供生物識別替代方案，取代舊的密碼登入。這樣我們是否不用再記憶一連串的數字、字母及符號？

密碼有什麼問題？

最早的數位密碼由一位美國麻省理工學院（MIT）教授在 1960 年代中期發明，當時他需要將存取大型電腦的私人權限給予許多使用者。密碼很快就在我們的電腦中無所不在。原因也很簡單，在想要使用電腦的時候，簡單、可背誦的文字可以快速輕易地輸入。

但是密碼也有其問題，簡單好背的字串例如「password」或者「123456」都很容易被猜到。駭客使用電腦就能一下子猜測密碼達上百萬次，即使是複雜的文字也能在瞬間破解。要阻止這種駭入行為最好的方法是使用長密碼，隨著長度增加，組合的數量和猜測的難度會呈指數級成長。例如，「My!_Garden_ShedWith13Daffodils#and17Tulips_Outside」顯然會比「MyPa55wo2d!xxx」更加難猜。

不過，推薦的作法是每次在新的 app 上使用不同的密碼，如此一來，若其中一個密碼洩漏給駭客，其他的密碼也不會有危險。不幸的是如今根本不可能辦到，因為從網飛到銀行帳戶都需要密碼，我們不可能記得上百個不同的密碼。

我們寫下密碼。通常寫在便利貼上，並貼在螢幕或鍵盤旁，或是在周圍的書桌放一本筆記本。另外也可以利用密碼管理的 app 幫我們記得所有密碼，但是也讓駭客有「一步到位」的侵入途徑。

但你的弱點不只是實體的紀錄，駭客取得密碼其中一個最常見的方法是所謂的「社交工程」（social engineering）。這種方法可能很簡單，像是假裝忘記了密碼的新進員工打電話給公司，或是詐騙犯假冒銀行，並要求你下載特殊軟體。

有時候「誘餌」是一個隨身碟，看起來存著引人興趣的東西，但其實是惡意軟體，你會不小心安裝在電腦上。這個軟體接著會監控你的裝置，記錄你的密碼，將其傳送給詐騙犯。甚至還有更大膽的行為：詐騙犯會寄來一個「恐嚇軟體」的電子郵件，聲稱他們會控制你的電腦、握有你的影片，除非你答應他們的要求，否則就將影片公諸於世。

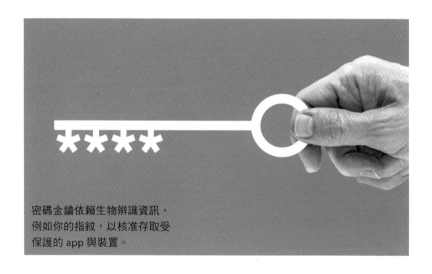

密碼金鑰依賴生物辨識資訊，例如你的指紋，以核准存取受保護的 app 與裝置。

所以密碼是弱點，雙重認證不是可以解決這個問題嗎？

就某方面來說是沒有錯，但是雙重或是多重驗證（2FA/MFA）還是需要你記得相關的密碼。啟用 2FA 的裝置其運作原理是在它們使用其他方法辨識你之前詢問你的密碼，比如一封簡訊或者電子郵件，或是要求你透過特別的 app。它的原理是即使駭客握有你的密碼，他們還是不能取得存取權限，因為他們需要你的手機或者電腦。

但駭客還是可以透過不同管道破解 2FA。例如只要重新設定密碼，有時候就可以繞過 2FA，或者駭客可以「劫持」（SIM-jack）你的 SIM 卡，讓簡訊傳到他們的裝置，而非你的手機。

專家有何建議？

資安專家更建議驗證你的身分，而非只是驗證你的裝置。這就是生物辨識密碼金鑰可以派上用場的地方。生物辨識驗證使

雙重驗證增加了安全性，但絕非一勞永逸。

用裝置上的特殊感應器測量你獨一無二的特徵，並以其作為密碼金鑰：指紋、3D 臉部特徵、虹膜、視網膜以及手掌上的血管都可以用來驗證。如今的智慧型手機、筆記型電腦以及平板都可以讀取指紋及臉部，所以它們可以準確進行生物辨識驗證。

生物辨識密碼金鑰的原理是什麼？

當你的裝置知道真的是你，它會安全地將核准訊號寄送給 app。這樣的機制是由密碼金鑰提供，它們使用密碼學安全機制，確保資料在寄送方與接收方之間不能被攔截與解碼。你的手機會儲存隱私的密碼金鑰，並傳送一個公開金鑰給 app。這能讓你的手機傳送一個只能由 app 讀取的私人訊息，內容為「生物辨識測試通過」，你需要做的就是看著手機或者將手指放在指紋讀取器上。

密碼金鑰更好是因為……

只要我們有生物辨識與密碼金鑰，我們不再需要密碼。這看起來像電腦安全演化的下一階段。Google 已經宣布從密碼轉換到密碼金鑰，讓想要轉換的使用者關掉密碼與 2FA。這對所有人都是更好的方案：不需要再背誦密碼，不需要再傳送需要輸入的驗證碼到手機。即使手機弄丟或者被偷了，也沒有問題：驗證需要你的臉部或是指紋，所以其他人無法驗證。

就像所有的變革，某些人需要適應。但是適應可能是一個選擇，並給予替代方案，這是一個很大的進步。（陳毅澂譯）

彼得・班特利 Peter Bentley
英國倫敦大學學院電腦科學家

心靈控制科技可能成真嗎？

思想控制的裝置不僅科幻又令人興奮，
但是這代表要在腦中植入晶片。

現在無數人的口袋裡都有手機，網路世界觸手可及，並使用這些裝置當作溝通的主要模式……也許有些人會擔憂生活中過多的科技已到了某個臨界點。但即使你避免使用智慧型手機，實際上仍不可能在我們的世界避開所有科技。手錶、汽車、電燈開關內部都有電腦晶片，就連寵物體內都有！晶片的使用是否會有盡頭？

如果某些有心人士能夠達到他們的目的，那麼晶片的使用會更廣泛。我們的腦中會植入微晶片，僅憑思考就能跟周遭的電腦互動。這也許聽起來像比較硬核的科幻小說，但這極有可能成真。而且如果伊隆・馬斯克（Elon Musk）的 Neuralink 公司如他所言真的有這種能力（雖然很可疑），就很快會成為許多人的現實。

馬斯克只是一名希望能夠取得腦中電腦控制晶片重大進展的人士當中，最新與最突出的例子。這種科技有各種形式，已經在生活中存在了好一段時間。那麼未來透過植入皮質的微晶片作為媒介的人機介面會呈現什麼樣的面貌呢？

這項科技在許多方面看起來很有希望，由於微晶片能透過電腦遠距傳送與接受資訊，它與其他相關裝置早已被植入人腦中進行記錄、傳送、刺激，甚至是用來阻擋特定神經區域的活動等應用。例如將電極陣列植入癲癇患者的腦中，能夠更詳細記錄，甚至預測造成癲癇發作的非典型神經活動。同樣的，透過

植入裝置在關鍵腦區引發深度腦部刺激，是帕金森氏症等疾病目前已實際運用的療法，甚至將擴及憂鬱症等疾病。

有些人由於經歷過神經損傷，造成某些麻痺症狀，他們的神經不再有能力從腦部傳遞信號到肌肉與四肢（腦部功能通常依然完整且未受損害）。腦部植入可以提供越來越多科技解決方案，代表晶片可以偵測並傳送必要的訊號，重新建立觸覺、複雜的手臂運動，或是將思緒傳送到電腦上，進行某種形式的意識溝通。隨著科技與處理效能提升，這種療法將會越來越進步且精細。

對無法移動四肢或是自主溝通的人進行這種療法是值得的，因為這的確可以幫助他們恢復一定程度的自主性與生活。但將這種裝置安裝在健康的個人身上與之截然不同。

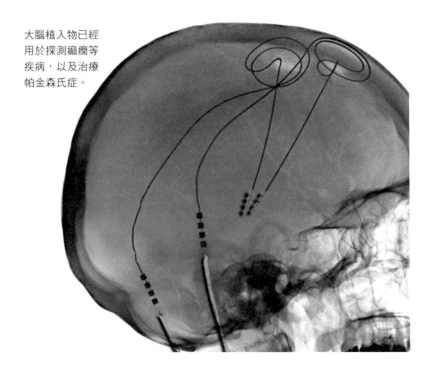

大腦植入物已經用於探測癲癇等疾病，以及治療帕金森氏症。

不可否認，在人機介面成為日常現實之前，還有許多障礙要排除。其中之一是每個大腦嚴格來說都是獨一無二的，在每個人的生命經驗當中以自己的方式發展。如此一來，在某個大腦中代表上下左右等基礎事物，或是特定文字的特定活動模式，在另外一個大腦中不一定會相同。而且在植入大腦晶片以前，需要準確知道大腦活動的意義，才能讓晶片進行讀取與反應。在這之後，我們才能找出更複雜的指示，例如駕駛車輛或打電玩遊戲。將這些行為的大腦活動轉譯成機器可以讀取的資訊可以說是極為困難。

接著還有實際的考量，特別是晶片的材質。大腦內部充滿高度反應性的化學物質與電流活動。植入物的活性必須要夠低，不能僅存在於腦中就攪亂精細的過程，但也必須足夠敏銳，才能讀取並處理周遭的活動。目前的科技已經有長足的進展，但如果要施用在數百萬人身上，必須百分之百確定這些晶片安全且耐久。

然而，真正需要回答的問題是，有多少人真的想要將技術插入大腦皮質內部？高達 60％的美國人表示可以接受，但這是建立在完全假設的情況下。事實上，將異物鑽進頭蓋骨，並將晶片植入腦中很有可能讓人無法接受。世上有數百萬人幻想疫苗裡有微晶片，還有更多的人害怕牙醫。科技的存在再一次解決了這種兩難：有些複雜的腦部植入物現在可以透過血管植入，不需要鑽進頭蓋骨。但可供使用的選項有限。

人機介面植入背後的科技比大多數人所想的更加先進許多，不過，距離這項科技具有實際用途還有很長一段路要走。（陳毅澂譯）

迪恩・柏奈特 Dean Burnett
神經科學家和心理學作家

如何減少寵物的碳足跡？

綜觀全世界，寵物消耗了全球約 20% 的魚和肉類。
這些毛孩能否過上更環保的生活呢？

家中貓狗吃素會比較好嗎？

　　相較於人類，貓狗需要從魚和肉類中攝取的蛋白質比例更高。根據一份 2017 年的研究，光是美國一地，寵物即消耗了動物產品中約四分之一的卡路里，如此透過畜牧生產所帶來的碳排量約等同 1,300 萬輛車。由此可知，要是寵物吃素，必然對環境有益，但動物的飲食需求與人類不同，我們真能替牠們做出這種決定嗎？

家貓非得吃肉不可，牠們需要肉類中的營養素才能生存。譬如，貓要是沒有攝取牛磺酸，可能會出現心臟問題，甚至失明。這種營養素雖然可以搭配植物性膳食補充，但動物專家和素食主義者對於「如此攝取量對貓是否足夠」有激烈爭辯，意見各有不同。

另一方面，犬類似乎更適合雜食，即使飲食中包含大量穀物和蔬菜也能甘之如飴。當然，這不代表人類可以隨意削減牠們的蛋白質攝取量。

有些企業販售用蠅蛆粉製成的狗食和貓食顆粒，其中富含蛋白質，可說是另一種替代選項。不過，這種寵物食品往往價格昂貴，而且由於昆蟲原料常需要經過長途運送，因此碳排放量也不低。好消息是，隨著越來越多人關注昆蟲養殖，各地或許會出現更多供應商。

碳排放量並非唯一考量因素。舉例來說，若是強迫家貓改吃素食，可能導致牠們對野生動物洩憤，進而傷害當地的鳥類和囓齒動物族群。一篇發表在期刊《自然》上的研究指出，美國每年已有 10 億至 40 億隻鳥類遭到家貓毒手，另外還有 60 億至 220 億隻小型哺乳動物受害，讓熱愛野生動物的人深感痛心。

該如何用最環保的方式討好家中毛孩呢？

我們也該考慮到那些被咬爛的塑膠玩具和寵物美容用品，前者會落入垃圾掩埋場，後者則會流進各條水道。當然，人類所消耗的塑膠和會汙染水源的化學物質，比起寵物來說要多得多，但我們如果決心過上永續生活，絕對不能忽視自己提供給寵物什麼樣的產品。

若是飼主願意嘗試，其實減少寵物對環境影響的方式很多，

例如給狗狗可食用的玩具，或提供貓咪可回收利用的木製跳台。另外不妨研究一下各家寵物美容沐浴乳的品牌，選用較環保的產品，還有多去住家附近的綠地遛狗，不必大老遠開車去海灘或各種遙遠景點。

寵物的糞便怎麼辦呢？

2017 年發表的研究指出，就美國的 1.63 億隻貓狗而言，其糞便量即相當於 9,000 萬名美國人，可說相當驚人。德國的研究團隊則嘗試估算一隻狗終其一生對氣候變遷的影響，結果發現其碳排放量約是一位普通歐洲人的 7%。該研究還比較用小塑膠袋撿拾狗糞便並由清潔人員收集，以及直接將狗便留在街上或公園這兩種情況，盼了解狗便造成的環境影響多大。

最終結論是只要主人確實撿起狗狗的排泄物，且清潔人員依正常路線從垃圾桶中將其收走，而不是放任狗便在大街上或公園裡大曬太陽，最後得另外請人清理，那麼所造成的環境影響並不算高。

總而言之，如果你的家中有養狗，至少要自行清理牠們的排泄物。不過換作是貓的話，要阻止牠們破壞鄰居的花園可不是那麼容易了……

有沒有養起來比較「環保」的寵物？

這個嘛……青蛙如何呢？開開玩笑啦。但從寵物食品的角度來看，兩棲類、爬蟲類和蜘蛛等食量較少的小型動物是咸認的環保飼養選項，但牠們會從其他地方消耗能源，譬如調節溫度用的暖氣或水族箱所需的濾水器等。

烏龜的體型大小、壽命和飲食習性，在在顯示牠們是養起來很環保的寵物。

英國網站 Money.co.uk 上則彙整了一份「寵物環保程度表」，其中大型犬的分數最低，緊接著是小型馬、一般馬和其他大小的犬類。該網站列出一套指標，包括從食物和糞便，到飼養所需的保溫、照明和配件等，並以一到五評分，最後得出結果。這項方法並不嚴謹，但多少勾勒出了大致情況。貓、魚和爬蟲類比犬類表現稍好，但誰才是環保之王呢？正是各個指標皆拿下高分的烏龜，而且因為壽命長但對環境影響小，還得到了額外的加分。

但如果你想養的是可愛毛孩，最佳解決方案就是選擇符合自己生活習慣的動物，並試著當一名負責任的飼主，為了寵物，也為了這顆美麗的湛藍星球。（陳毅澂譯）

海莉・班奈特 Hayley Bennett
科普撰稿人，現居英國布里斯托

為什麼大象這種代表性的非洲動物正逐漸失去長長的象牙？

基因分析顯示非洲象具有演化成無牙象的傾向，這也許是盜獵惹的禍。

象牙是會持續生長的細長牙齒，大象會用它們來挖掘食物和養分、在植被中清出路徑、在樹皮上做記號或剝下樹皮，公象彼此也會利用長牙來打架。這些長牙能夠具有如此多樣化的功能有賴於它的主成分「象牙質」，其特性造就了強壯又堅硬的象牙。

然而正是這些特性吸引人類覬覦，傳統上會使用象牙製作藝術品或具有文化價值的裝飾品，同時也是高貴地位的象徵。已有研究顯示，市場對象牙的需求助長了價值新台幣上千億元的野生動物交易，進而激勵非法的捕獵行為。如今有新研究發現，這或許也在象群身上留下了演化標記。

美國普林斯頓大學的生物學家針對莫三比克哥隆戈薩國家公園裡的非洲草原象進行研究，發現在 1977 到 1992 年的內戰期間，包括大象在內的大型草食動物，有逾 90％ 被人類殺害，象群規模從 50 年前的超過 2,500 頭銳減到 2000 年的不到 250 頭。然而在象群隻數減少的同時，無象牙母象的比例卻增加了。將歷史影片與現代的紀錄片段相比，比例從 19％ 提升到 51％；在內戰後出生的母象則有三分之一沒有象牙。

哺乳動物的性別是由一對性染色體決定的：雌性為 XX，雄性為 XY。由於幾乎所有公象都有象牙，因此無象牙的突變基因據推測應位於 X 染色體上。生物學家在 11 隻無象牙大象的基因

體上尋找近期演化的特徵，發現在 X 染色體上有一個與此相關的 DNA 序列：AMELX，它會協助製造包覆在象牙和牙齒外的兩種礦物質：琺瑯質和牙骨質。

從遺傳模式推測，擁有兩支象牙的母象生下的女兒應該擁有兩支象牙或是一支都沒有，然而有十分之一的母象只擁有一支象牙或沒有象牙，顯示應該還有其他遺傳因子會影響這個性狀。研究團隊比較有象牙與無象牙大象的 DNA 後，找到另一個基因 MEP1a，它會參與製造象牙的核心礦物質：牙本質。

由於內戰前就已經存在無象牙的大象，因此這個性狀可能不是新突變造成的，而是原本罕見的基因變異如今在基因庫中變得更為常見。為了象牙而「收成」大象導致無象牙的性狀變得

以無象牙母象為大家長的非洲象群。

更加普遍，這是因為出生就沒有象牙的母象比較可能活下來繁衍後代。

雖然嚴格說來人類也算自然界的一分子，但把這個過程稱為「自然天擇」實在過於勉強。無象牙大象的演化過程正是出於「收成選擇」，也就是「人擇」的典範。

儘管象牙有許多用途，但事實上母象可以適應沒有象牙的生活，表示象牙不是生存的必要條件。在現存的三種大象中，森林象和草原象的母象往往具有長牙，然而亞洲象的母象可能只有短短的象牙。長牙對亞洲象的公象而言可能也並非不可或缺，在斯里蘭卡只有 10% 的公象具有長牙。有一種解釋是亞洲象經過人類 3,000 年的捕獵與馴化，使失去長牙的個體較有生存優勢，然而非洲象則是最近才遭受人擇的壓力。

所以，是的，大象正逐漸失去牠們長長的象牙。雖然探討人類如何影響其他動物的解剖構造是很有趣的一件事，不過要在數量驟減的象群中尋找解答並不容易。世界自然基金會提供的數字顯示，非洲象在 20 世紀初有 300 萬到 500 萬頭，如今只剩 41.5 萬頭。

這個問題影響的不僅僅是大象而已。這些世界上最大的陸生動物會將棲地上擋路的生物通通剷平，除了可以讓森林變成草原，也會改變當地的物種組成，牠們是種「生態工程師」，其行為會引發連鎖效應。短短幾十年間的人擇就造成大象失去長牙，相較之下，想要恢復大象的生態功能可就沒那麼快了。如同普林斯頓大學生物學家得到的結論，「要恢復這些功能所需要的時間，與最初的人擇過程相較之下，長得不成比例。」
（賴毓貞譯）

JV・查莫里 JV Chamary
科學傳播者，擁有分子演化與遺傳學博士學位

英國政府的氫氣能源計畫
是否有助於達到零碳排？

英國政府計畫要供應低碳氫氣能源，
但是這真的能幫助我們降低碳排放量嗎？

氫氣燃料電池汽車可以媲美化石燃料交通工具
的續航力，但是目前缺少燃料補給的網絡。

政府有何計畫？

　英國政府氫氣計畫（Hydrogen Strategy）的主要目標，是
要在 2030 年以前，能夠以氫氣能源製造 500 萬瓩的低碳電力
（每秒 50 億焦耳），相當於 300 萬個英國家庭的用量。

　氫氣有很多種利用方式，也許最簡單的利用方式就是取代
從化石燃料提煉的天然氣。天然氣是甲烷及乙烷的混合物，供

熱、烹調及發電時都會用到。氫氣燃燒的方式完全相同，且只會產出水（而非二氧化碳），但是製造等量的能源，需要的量卻是三倍之多。

這些氫氣要從何而來？

氫氣的來源有所謂「綠色」氫氣（green hydrogen）以及「藍色」氫氣（blue hydrogen）。英國愛丁堡大學實驗地球科學技術研究助理愛克・泰森博士（Eike Thaysen）說，「綠色氫氣是將水分解成氫氣與氧氣，過程中使用的電力來自風力或太陽能等再生能源。藍色氫氣則是以甲烷與水蒸氣反應生成的。」

由於綠色氫氣是以再生能源製成，可以作為儲存多餘再生能源的一種方式。但藍色氫氣是以化石燃料製造，所以會排放二氧化碳，它所排放的二氧化碳將會被捕捉，並永久封藏在地底之下。

然而，2021 年 8 月英國衛報報導，根據政府對於藍色氫氣的使用計畫，碳捕捉技術無法儲存其中 5 到 15％的排放量，到了 2050 年將造成每年 800 萬噸的二氧化碳排放。另外一個由美國康乃爾大學及史丹佛大學進行的研究則指出情況可能更糟，他們估計的碳排放量相當於每百萬焦耳的能源就會產生 139 公克的二氧化碳，以碳足跡而言，比燃燒天然氣或煤還要多 20％。

那麼為何還要使用藍色氫氣？

愛丁堡大學的碳排放及碳儲存教授史都華・哈澤爾丁（Stuart Haszeldine）指出，康乃爾及史丹佛大學的研究無法適用於英國，原因之一是，「這些研究的假設都是根據美國漏洞百出

的系統，在這種系統中許多甲烷會外漏，只有很少量的二氧化碳會被捕捉。所以結論會是每單位的氫氣將有非常高的二氧化碳排放量。但即使如此，我認為低碳的藍色氫氣是一種過渡燃料，更乾淨的綠色氫氣能不能取代它，將取決於電解技術的價格能不能下降。」

泰森說對於藍色氫氣的碳排，更準確的估計是製造每百萬焦耳的能量會產生 10 到 20 公克的二氧化碳。燃燒天然氣以製造相同份量的能源時，則會製造 63 公克的二氧化碳。她說，「藍色氫氣比天然氣乾淨約 3 到 6 倍，這是因為碳被分解並儲存。」所以即使有 15％ 的二氧化碳排放逸失，碳排的總量還是比較低。

泰森也認為藍色氫氣能在達到零碳排的目標上扮演要角，「綠色氫氣能夠為再生能源提供脫碳（decarbonise）的儲存方法，也就能促進使用零碳能源。然而藍色氫氣是目前更經濟的選擇，且現有的科技能夠配合，這有助於發展價值鏈，並幫助產業快速減少碳排。這也能確保在綠色氫氣的成本能夠降低時，屆時已有成熟的市場來因應。為了達成加速轉為零碳排的目標，綜合使用綠色以及藍色氫氣是很重要的。」

綠色氫氣是以再生燃料製成，可以成為通往零碳排目標的其中一步。

需要什麼樣的基礎設施？

　　多虧現有的基礎設施，將家戶的瓦斯供應轉型成氫氣相當簡單。氫氣可以混在現有的瓦斯供應中，最高可達到瓦斯體積中的 20%，不需要改變基礎設施或是使用方式。泰森說，「這能夠讓氫氣轉型快速且成本低廉，但是這只能減少 7% 的碳排放量，所以我們的目標是要達到百分之百的氫氣供應，然而想要達成這個目標，現有基礎設施就需要調整。幸運的是，目前全英國正在安裝黃色的聚乙烯管線以取代舊的鐵製管線，而且適用於輸送氫氣，因此瓦斯就能從分配站抵達住家。」

　　對於駕駛人，配備氫氣燃料電池的交通工具可能是完美的化石燃料汽車與電動車之間的最佳折衷方案。但對消費者來說，主要問題在於要在哪裡補給燃料。加氫站公司 UK H2Mobility 只列出了 10 多個車用氫氣燃料站，多數都在倫敦附近。

如此一來，氫氣是否就是達到零碳排的解方？

　　英國倫敦帝國學院能源政策與科技教授羅伯特・格羅斯（Robert Gross）說，「氫氣具有多用途的潛力，它的能力是其他選項無法達到的，但是我們無法馬上在每個地方都應用它。

　　考量到現今使用的能源中，氫氣的占比微乎其微，家庭供熱及運輸所需的巨量能源將是巨大挑戰，所以氫氣不會是最簡單的答案或是仙丹妙藥。」（陳毅澂譯）

莎拉・瑞格比 Sarah Rigby
《BBC Focus》線上助理

越來越多的電動車廢電池
該何去何從

再過 10 年左右，第一代的電動車即將走完生命週期，
屆時它們將墮入廢鐵堆，還是另有他用呢？

大眾往往視搭載內燃引擎的車種為環境之敵，原因不言而喻，任何機車、汽車、箱型車和貨車只要燃燒石化燃料，即會造成空氣汙染，並為氣候變遷「貢獻」一己之力。正因如此，各國政府無不鼓勵駕駛改開更環保的電動車。不過，內燃引擎車雖然在汙染排放上是環境之敵，但目前而言，在回收利用方面毋寧是重要盟友。

根據英國伯明罕大學材料化學系助理教授丹尼爾・里德（Daniel Reed）所言，內燃引擎車內的鉛酸電池容易且廣為回收，「鉛酸電池是全球回收率最高的消費品，這種技術成熟且具標準規格，所以無論電池製造商是誰或車輛品牌是哪一家，這種電池都符合一定的技術規格。」鉛酸電池的簡單成分也是一大助力，它所用的材料相對較少，以鉛為電極、硫酸為電解液，並用聚丙烯包覆一切，每樣材料均可輕易分離販賣。

電動車所用的鋰離子電池恰恰相反。「一個鋰離子電池裡大概有 10 種不同材料，而且東一個複合材料、西一個複合材料，另外還有氟化聚合物、氟化電解液和含氟溶劑。如果想要分離這些材料，絕對是一場徹頭徹尾的惡夢。」英國列斯特大學物理化學教授安德魯・亞波特（Andrew Abbott）表示。這些材料中很多具有毒性，有些則是引火物質，碰到空氣可能起火，導致分解電動車電池成了既複雜又昂貴的過程。

另一個問題是，鋰離子電池的許多材料屬於「關鍵金屬」（如稀土、鋰和鈷等）。這些材料雖是轉型潔淨能源的重要功臣，但僅有少數國家開採出口，因此，唯一確保永續供給的方式就是原物回收。

　　如此一來，電動車轉型似乎反倒有更多問題，但也不盡然全是壞消息。首先，電動車電池可以重新利用，就算電池衰竭到無法為車子供電，仍可作為儲存再生能源的裝置，獲得第二生命。其次，電動車電池並非不能回收。雖然過程複雜，而且目前還不符合成本效益，但相關技術在未來必會有所突破。

回收工廠的技師正在檢查燒壞的鋰離子電池中有無殘存電壓。

由於電池效能越來越強，再加上碳稅等相關措施，估計在 2023 年內燃引擎車和電動車會達到平價（price parity）。「到時候我們會看到電動車的採用率大大提升。」亞波特表示，「這些電動車的電池壽命據估達 10 幾年，所以過了大概 15 年後，英國說不定會有 50 萬台電動車等著回收。」

由於電動車電池比鉛酸電池大，所需材料更多，再加上內燃引擎車數量逐漸減少，到時候電動車電池的市場預期將比當前的鉛酸電池市場大上 10 倍。在此期間，市場將有足夠動機去研發符合成本效益的電動車電池回收技術。不過，儘管確保必要原料供給恰恰符合製造商的利益，我們若想徹底處理此一問題，可不能僅靠市場力量。

在德國一間回收工廠裡，技師打開使用過的鋰離子電池並進一步拆解

「我們需要某種程度上的法規，來確保製造商會回收電池，譬如歐盟已經推出相關法律，我相信英國也已效法。」里德如此表示，但他也強調法規不宜太過強硬。「在回收和電池製造方面需要有創新的自由，但要確保他們落實回收和重複利用材料。」

　電池製造技術的創新至關重要，因為設計複雜和種類繁多可說是電池回收利用的主要阻礙。部分問題在於相關技術仍在逐步問世，新的電池設計推陳出新，若電池製造商或車商貿然投入錯誤技術，後果必然極其慘烈。

　大家都在尋找設計更簡單且有標準規格的電動車電池，還要成分安全而且可輕易分解，換句話說，就是電動車電池界的「鉛酸電池」。不過值得一提的是，人類一直到 1980 年代才發明鋰離子電池，而鉛酸電池早在 1860 年左右即已問世，但要到 1970 年代才有汽車專用的標準化鉛酸電池出現。

　「標準化會在一定程度上實現，但這是個先有雞或先有蛋的情況。」亞波特說，「回收電動車電池是一個已知的問題，坊間也有已知的解決方案。重點在於如何以同一速率提升產量和加強回收利用，以及如何結合這兩者。」（吳侑達譯）

羅伯・班尼諾 Rob Banino
自由科技記者和編輯

50度高溫是否會成新常態？

巴基斯坦傑科巴巴德的熱浪在 2022 年
曾達到破紀錄的攝氏 51 度，接近人類生存的危險界線。

每年都有熱浪紀錄被打破：2022 年夏天，巴基斯坦中部發生了約攝氏 51 度的高溫，2021 年加拿大西部的溫度紀錄則比之前高 5 度。由於氣候變遷，現在印度熱浪出現的機率估計將提升 100 倍，到了本世紀末，該地區很可能每年都會出現 50 度的熱浪。根據你所在的地區不同，溫度和天數也會不一樣，不過我們可以確定一件事：更極端的氣候即將來臨。

冷熱的感受不只跟氣溫有關，還跟許多天氣狀況有關。溼度、風速以及太陽輻射都會讓我們感受到的氣溫有所增減，在某些特定條件下也能致命。

溼球、乾球

在這些特定條件當中，「乾球溫度」是主要關鍵，它就是我們一般認知的氣溫，也是一般讀取溫度計的數值。但是天氣學家通常更喜歡使用「體感溫度」，也稱為溼球溫度，也是使用溫度計測量，只不過溫度計包裹在溼布當中，以模仿我們身體中調節的熱量傳輸。

大多數人都曾在燠熱的夜晚，因為無法散熱而感受到不適。以生理學而言，這是有道理的。人類以及所有哺乳類是透過流汗來散熱，這個過程會讓我們身體失去水分。如果溼度過高，皮膚上的水分無法蒸發，這種散熱機制也就無效。

我們已經知道人體可以忍受的溫度是溼球溫度攝氏 35 度，在這個溫度下，人體因為不能將熱量從身體傳導到環境，無法存活超過數個小時。乍聽之下不太可能，但其實溼球溫度的數值總是低於乾球溫度（除了相對溼度為 100％時），這代表即使是溫和的溼度下，溼球溫度攝氏 35 度也可以輕易的等同於乾球溫度攝氏 50 度。

　　那麼我們是否曾經超過攝氏 35 度溼球溫度的門檻？答案是肯定的，但相當稀少，只有約 10 個報告案例，全部都在中東、印度及周圍地區、澳洲以及墨西哥。即使溼球溫度並未達到這麼高溫，這些地區中人口多且密集的都市讓健康問題更加複雜，所以在某些主要都市的市中心，每年都會發生數百例因高溫而死的案例。

巴基斯坦信德省日前
出現破紀錄的高溫。

整體而言，越是富庶、現代化的都市就越沒有這個問題。在某些大型中東地區的都市，他們已經很會應對這種氣候。阿拉伯聯合大公國的杜拜與阿布達比的當地民眾都知道在盛夏時要穿上保暖的衣服，因為他們搭乘汽車在建築物之間移動，空調開到最強，根本不用走到戶外。貧窮而且以農業為主的城市則沒有這種餘裕。

但是，氣候變遷是否讓情況加劇？因為氣溫升高，我們未來會更常超過攝氏 35 度的致命門檻。但是這些案例依然相當罕見，而且每次只會歷時幾個小時。人們預測這現象主要會出現在熱帶及亞熱帶，而且僅限於某些年分。若是能夠遵從《巴黎協定》，也就是將全球平均溫度的提升量控制在攝氏兩度以下，這些極端案例將會顯著減少。

即使氣溫並未超過致命門檻，熱度依然會致人於死。要適應新的炎熱常態將無可避免，但好消息是，我們已經有豐富的避暑策略。即使是在歐洲，我們會看到許多街道受到高聳的建築物包圍，讓其中的居民能有遮蔭，免受陽光侵擾。我們也會看到建築物漆成淺色，能將陽光的熱度反射並提供更涼爽的環境。

對於接近赤道的國家，將會採取更強力的措施。如果財務允許，空調是絕佳的選項，但是許多貧窮國家沒有足夠的能源基礎設施能提供穩定的空調。其中一個幾乎萬全且有所成效的方法是在都市中引進更多自然空間、樹木以及水體。然而，若當地氣候並不適合如此的生態系統，這就不是可行的辦法，不過這種方法能夠帶來許多身體與心理健康的益處。

這是個持續都市化的世界，我們花費數十年剷平大自然，現在是時候讓大自然取回一部分了。（陳毅澂譯）

丹‧米契爾 Dann Mitchell
英國布里斯托大學地理科學學院氣候科學教授

老舊的太空船會砸中我嗎？

散落在地球周圍軌道上的殘骸漸漸成了問題⋯⋯

2022 年 7 月，澳洲大雪山的農場裡出現了一件奇怪的黑色物體。此處原本就飽受叢林大火摧殘，所以這東西可能會被誤以為是一棵燒成碳渣的樹。然而，它卻是來自外太空。一些報導指出，這塊黑色物體是 SpaceX 的天龍號（Dragon）碎片，於重返地球的途中在大氣層破裂。它像標槍一樣刺入澳洲土地後直直立著。你當時肯定不會想站在那個地方。

在那之後還有個更大塊的太空船碎片，據說是中國發射失敗的長征五號 B 火箭，墜落於婆羅洲。這不是第一次有太空垃圾「強勢回歸」地球，但它們有沒有可能砸中人或建物？英國華威大學太空領域認知中心的唐・波拉科教授（Don Pollacco）表示，這樣的機率微乎其微。「地球表面大部分是水，所以這些碎片降落在地面上的機率真的很低。」他說。那有沒有機會傷到人呢？「你中樂透的機率還比較高。」不過海上還真的曾發生這樣的意外。1969 年，蘇聯太空船的殘骸擊中西伯利亞海岸邊的貨輪，導致五名日籍船員受傷。

還有一次驚險時刻發生在 1977 年，蘇聯的監視衛星墜毀於加拿大北方。上面載有一部核子反應爐，卻只有 0.1％ 的危險燃料獲得妥善回收，部分放射性物質進入湖中。加拿大政府最後向蘇聯取得了 300 萬加幣（約新台幣 7,000 萬元），用於善後清理工作。

　　危險太空垃圾墜落的機率也許很低，但這並不表示它們不構成威脅。「危險不在於物體偏離軌道或擊中某人。」波拉科說，「而是在於損毀其他衛星或是讓我們無法航向太空。」

　　我們周圍的太空區域現在正快速變成垃圾場，大於 10 公分的碎片數以萬計，小於 1 公分的物體更可達上億之多。這些垃圾包含舊火箭的碎片、已無作用的衛星零件，甚至還有油漆和冷凍燃料的碎屑。太空中每年通常會因硬體故障發生 12 次破碎意外，加劇原已日益嚴重的問題。即使是體積最小的物體也能造成重大破壞。

　　「低地面軌道的物體正以每小時四萬公里的速度移動。」波拉科說，「就算是豌豆大小的物體也蘊含極大能量，撞擊力道足以毀掉整顆衛星。我們必須漸漸習慣這件事情。」原因在於，發射進入太空的衛星數量正在飛速成長。SpaceX 和

來自太空船的燒焦金屬
刺入澳洲農田裡的土壤。

亞馬遜等企業正在向低地面軌道發射衛星超級星座（mega-constellations），好讓網際網路能夠覆蓋傳統地下電纜無法到達的偏遠地區。

據報告估計，我們從現在起到 2030 年將每年發射 1,700 顆衛星。可重複利用的火箭出現，讓太空探索能力得以迅速成長。而將物體送入低地面軌道的成本，已從每公斤約 60,000 美元降至僅 2,400 美元（約新台幣 190 萬降至 7.5 萬元）。

歐洲太空總署（ESA）和美國航太總署（NASA）等機構正呼籲清除太空殘骸，也有幾間公司已展開清理行動，執行測試任務。波拉科卻看見了大問題，「現實是有人必須為此買單。」他指出，距地球表面約 800 公里處的太空船墳場有一大群俄羅斯衛星。「它們沒有妥善退役，而且很危險，裡面甚至還裝有燃料推進劑。俄羅斯會出錢移除這些東西嗎？不會。」

但這樣是治標不治本。移除數千顆大型死衛星，也解決不了數億顆豌豆大的衛星殺手。波拉科說，「從軌道上清除這些垃圾也很不切實際，到頭來不如好好掌握它們的位置。」

那麼最壞的狀況是什麼？「我們會創造越來越緻密的衛星殺手殘骸雲，要耗費數十年才能從軌道上清除。」波拉科說。最後我們將面臨阻礙，難以再將任何新物體送入太空。「如果在發射過程中發生碰撞的風險超過一定程度，那麼就不會進行發射，最後我們將無法離開地球。」

我們規畫於接近 2030 年時重返月球，並於未來幾十年內登陸火星。但最終，我們仍可能會被困在陸地上，無法動彈。（黃妤萱譯）

柯林・史都華 Colin Stuart
天文學作家及講者

歐洲太空總署計畫在太空中發電

建造軌道發電站能解決能源危機嗎？

2022 年 11 月，歐洲幾位科學相關官員在法國巴黎開了一場會，以便決定 ESA 接下來三年的計畫優先順序。這次會議的一個決議可能可以讓歐洲不再依賴化石燃料，同時提供 ESA 成員國自己的安定能源。這個決議就是核准太陽系計畫（Solaris），也就是調查在地球軌道上建造商用發電站是否可行的大膽計畫。

這些發電太空站將以陽光為能源。它們會裝有非常大的太陽能板，以便吸收太陽的光能，並轉換成電力，然後再以微波的方式無線傳送到地面。地面上會有大型天線接收這些微波，並將產生的電力直接送進供電網。

這聽起來很科幻，但 ESA 的桑耶・維燕德蘭博士（Sanjay Vijendran）指出，其實我們過去 60 年來早就在做這樣的事了。「自 1960 年以來，每一具通訊衛星其實都是微小版的太空太陽能衛星。」人造衛星會以太陽能板發電，然後用電力傳送資料到地球表面。這些資料隨後就會轉換回電力，以便進行讀取。

維燕德蘭表示，「這一連串的物理原則其實和太空太陽能發電一樣，只是規模完全不同而已。」為了以商業規模發電，這些太陽能板的長度會達到數公里之譜。這比現在國際太空站使用的還要長 10 倍。這樣的太陽能板必須在離地球 3.6 萬公里的地方建造，也就是在通訊衛星的軌道上，以確保其保持在地面

站上方。同時建造工作也必須由機器人完成。

　　而至今我們還沒建造軌道發電站唯一的理由，就是把所需材料發射上軌道的成本問題。一般而言，每公斤貨物需要花費大約 1,000 美元（約新台幣 3.1 萬元）才能發射上軌道，但依軌道發電站的尺寸來看，這樣的成本會讓發出來的電貴到毫無商業價值的地步。但這點正在改變。SpaceX 和旗下重覆使用式火箭的發展使發射成本正在下降。前 NASA 物理學家約翰・曼金斯（John Mankins）表示，「每公斤 300 美元（約新台幣 9,200 元）是太空太陽能所追求的聖杯。」

　　曼金斯是太陽能衛星的世界權威，從 1990 年代起就參與過許多可行性研究。他先前每次的調查，最後都以問題出在發射

巨型人造衛星會利用太陽能發電，並將電力傳到地表、接上供電網。

成本為結論。但這個狀況不會持續太久了，他表示，「每公斤300 美元不只是有朝一日而已，而是在接下來的五到七年內一定會達到。」這就是為什麼 ESA 現在正與歐洲航太業界合作，想做出兩種太陽能發電衛星的設計。他們同時也正開始研發太陽能電池與大規模天線，使其比目前的機型更輕、更有效率。

太空太陽能的前景看好，因此 ESA 並不是唯一看上其潛力的組織。在英國，Frazer-Nash 顧問公司於 2021 年 9 月發表了一份給政府的報告，結論是「太空太陽能在技術上可行、成本可負擔，且能替英國提供經濟利益，同時對碳排淨零目標提供達成管道」。

中國也計畫於 2028 年展示從軌道將能量無線傳回地表的科技，此次任務將單純為科技展示，而非商用，但若任務成功，這仍是一大進展。美國加州理工學院於 2023 年 1 月 3 日發射了一具展示用衛星，名為太空太陽能發電展示機（SSPD），以測試一個成熟的軌道發電站所需要的科技。維燕德蘭對此說，「我們顯然得努力追上他們了。」

若一切依 ESA 的計畫而行，太陽系計畫會在歐洲各國科技相關首長於三年後再次碰面時再度列入議程，但這次的主題就會是建造衛星的預算與將相關科技放大到可商用運作的規模了。

維燕德蘭表示，「太陽系計畫是一個過渡階段，旨在確認從太空取得太陽能是真實可行的概念。先有這個計畫再去考慮要求幾十億歐元的經費，會對整個開發過程有莫大的幫助。」（常靖譯）

史都華‧克拉克 Stuart Clark
天文學家、科學記者兼作家

火星岩石樣本會汙染地球嗎？

未來 20 年內，火星上的樣本將被帶回地球研究。

NASA 和 ESA 預計在 2030 年代將火星物質樣本帶回地球，但有人擔心他們可能帶回火星礦石和空氣以外的物質。這趟任務是否可能帶回火星上的微生物，並因此汙染地球的生態圈呢？

科學家想運回火星樣本的渴望不難理解。半個多世紀前，阿波羅號的太空人將月球岩石運回地球，因為它們富含月球地質結構、變遷和形成的寶貴資訊，專家至今仍持續進行研究。

人類在火星表面進行探索雖已有 25 年，但科學家仍盼在實驗室中研究火星最原始的物質成分。畢竟，相較於塞入探測器中的任何儀器，地球上的實驗室必定先進許多。

科學家希望在 2030 年前發送兩艘太空載具，至火星取回目前在進行探測任務之毅力號（Perseverance）蒐集到的岩石、土壤和大氣樣本。

其中一艘太空載具會在毅力號附近著陸並接收火星樣本，接著發射至火星軌道與另一艘太空載具會合，轉交樣本讓對方運回地球，任務完成時間預計為 2030 年代初。

但它們帶回「不該帶回的事物」的可能性有多高呢？「過去幾十年來，多個專家小組都研究過『來自火星的樣本是否會對地球生態圈有害』的問題。」NASA 表示，「報告指出，從火星所帶回來的樣本，譬如毅力號探勘的幾處地區，對我們的生態圈帶來生物危害的可能性很低。」

NASA 強調，來自火星的隕石時不時會撞擊地球，但並無證據顯示後續有汙染情事。ESA 的報告也指出，一顆體積大於 0.0002 毫米且未經消毒殺菌的粒子跟著火星樣本返回地球，並進入大自然的可能性小於百萬分之一。而且這個粒子是指「任何」來自火星的粒子，若計算該粒子為生物的機率，那更是低得許多。我們甚至不曉得火星上有無生命存在。

NASA 和 ESA 還祭出一連串的嚴格措施，盼能盡量降低風險。首先，任務團隊僅會蒐集火星表層下方數公分深的物質，這些表層物質長期曝露於太陽的強烈輻射且極度乾燥，就算火星上有微生物存在，也不大可能棲息在此處。

此外，團隊還設計了多重防堵隔離系統。NASA 表示，「過去美國或國際的太空總署蒐集並運送月岩、彗星塵、小行星和太陽風的樣本回到地球時皆未如此嚴謹。」

火星樣本運返計畫的概念圖，將動用數艘太空載具，合作取得火星岩石樣本並運回地球。

樣本抵達火星軌道後將進入捕獲、圍阻和返回系統（Capture, Containment and Return System），先封入兩個隔離艙中的第一個，同時用高溫消毒零星混入的火星塵，接著再進入第二個「潔淨艙」，並密封返回地球。

後續任務在於確保這些樣本維持密封狀態，等待在地球上受高度管控的實驗室中啟封研究。捕獲、圍阻和返回系統還搭載護盾，防止太空載具返航期間遭微隕石撞擊損壞，就連返航路線也經過了審慎評估。

NASA 表示，「返程載具的軌道將朝向遠離地球的方向，直到計畫著陸的前幾天才會改變。這讓我們可以評估這趟任務所蒐集的一切可用資訊，並決定是否讓該載具返回地球。」

這艘太空載具經過嚴格的行前測試，確保可以耐受重返大氣層時的高溫和 g 力。回到地球後，就輪到研究人員穿上防護衣大顯身手。NASA 說，「出於謹慎，我們會假定返航裝置和火星樣本為具危險性的生物材料，一旦著陸，便將進行最高層級的管控處理。」樣本會迅速密封放入更多防護隔離層的運輸裝置中，並送往指定的研究設施，讓專家著手研究他們得來不易的科學寶藏。

總歸來說，儘管從火星運送樣本回地球並非風險全無，但 NASA 和 ESA 似已做足準備，盡可能做到密不透風的防堵措施。（吳侑達譯）

柯林・史都華 Colin Stuart
天文學作家及講者

致命小行星到底有多危險？

**新研究發現人類不必擔憂大型小行星，
小型的才是危機所在。**

這是天大的災難。一顆外太空來的隕石正在撞擊地球的軌道上飛行。一旦成真，這將是人類步上恐龍後塵、走入歷史的一天。

雖然隕石撞地球是好萊塢熱愛的世界末日電影題材，研究卻在近日傳出好消息。近來一項研究發現，在未來的 1,000 年內，地球周圍直徑超過一公里、接近 1,000 顆的小行星會撞擊地球的機會微乎其微。6,600 萬年前導致霸王龍及同類滅亡的小行星估計其直徑約為 10 至 15 公里。

此研究由美國科羅拉多大學波德分校的奧斯卡‧富恩特斯-穆尼奧斯教授（Oscar Fuentes-Muñoz）領導。由於過去的研究只能預測未來一世紀的趨勢，這次的研究有了突破性的發展。

澳洲科廷大學小行星專家菲爾‧布蘭德教授（Phil Bland）表示，免於 1,000 顆小行星威脅的日子有幾個重要但書。其中最值得注意的是這個結論只適合人類已知的大型小行星，「這個結論沒涵蓋那 5% 尚待被發現的行星，也不包括彗星那種我們無法左右的星體。」這很重要，因為許多彗星可能跟小行星一樣大，從外太陽系飛進來內太陽系，等人類察覺到時，它們通常離地球非常近了。

此外，外太空裡有許多直徑小於 1 公里的小行星。布蘭德說，「人類目前的技術還不擅於追蹤小型星體。」畢竟外太空是個浩瀚無垠的空間，而這些星體相較之下變得非常渺小。這

彷彿在一個廣袤無邊的黑暗大海中撈針，好比說有些小行星只反射 5％的太陽光，非常黯淡。

　　如果要了解意外撞擊的可能性，試想 2023 年 3 月時曾經穿越地球和月球、直徑 70 公尺的行星 2023 DZ2。天文學家在事前一個月才發現它的蹤跡，如果這顆小行星當時不幸撞擊地球，一座城市將灰飛煙滅。第二個驚險事件也發生在 2023 年 1 月，一顆卡車大小的小行星 2023 BU 降落至離地表不到 3,600 公里的南美洲南端。這個位置已經比部分通訊衛星更接近地球 10 倍，而人們在小行星撞擊地球前一週才發現它。

2013 年在車里雅賓斯克上空爆炸的隕石雖然直徑僅 20 公尺，但造成了眾多傷亡和財物損失。

這些小行星甚至不必真的撞擊地球表面就能造成巨大傷害。布蘭德表示，「就連尺寸 50 公尺的星體都可能發生空中爆炸，造成當地嚴重破壞。」2013 年 2 月，一個直徑 15 至 20 公尺的星體在俄羅斯的車里雅賓斯克上空爆炸。這個事件造成近 1,500 人受傷，超過 7,000 棟建築損壞，總計修復費用約合新台幣 10 億元。

自此天文學家不停在這方面下功夫，2022 年由 NASA 資助的小行星撞擊警報系統（ATLAS）成為第一個能 24 小時監測宇宙的系統，為可能在未來造成地球危害的近地天體（NEOs）

在車里雅賓斯克上空
爆炸的隕石其碎片。

提供預警。智利的薇拉－魯賓天文台 2023 年 5 月也因為完成望遠鏡的建置而邁向新的里程碑。這架望遠鏡採用了一種新穎的三鏡設計，並提供一個 32 億像素感光耦合元件相機，這是迄今為止最大的數位相機，進而結合成為大型綜合巡天望遠鏡（LSST）。

天文學家希望能於 2024 年 10 月啟用 LSST 來偵測天空。「望遠鏡能為特定族群的小行星觀測帶來嶄新觀點。」布蘭德說。在不久的將來，NASA 希望於 2028 年啟動近地天體探勘者衛星（NEO Surveyor satellite），以利偵測上萬個直徑只有 30 公尺的近地天體。

如果這些計畫剛好偵測到可能直接撞擊地球的小行星呢？富恩特斯－穆尼奧斯跟共同作者在研究中指出「小行星撞擊是少數能用人為行動預防的自然災害」。NASA 在 2022 年雙小行星改道測試（DART）中，將一艘冰箱大小的飛行器撞向小行星雙衛一的其中之一：迪莫弗斯（Dimorphos）。

飛行器的撞擊成功改變了迪莫弗斯的軌道，迪莫弗斯與環繞著它的兄弟小行星迪迪摩斯（Didymos）的軌道週期縮短了 32 分鐘。由於 NASA 原本設定的最低門檻是改變週期至少 73 秒，因此這可說是大成功。或許未來人們可以運用類似的方法讓小行星偏離原先的軌道。當時 NASA 的負責人比爾．尼爾森（Bill Nelson）說 DART 的成功顯示「NASA 已經準備好面對從宇宙飛來的各種挑戰」。為潛在的小型星體威脅建立檔案是朝向這個目標的一大步。（王姿云譯）

柯林．史都華 Colin Stuart
天文學作家和講者

外星人？哈佛教授直言 「真相就藏在那宇宙裡」

我們不該排除外星生物早就在觀察人類的可能性。

人們似乎對這樣的傳聞熟悉不過：美國政府握有外星生物的證據，而外星生物造訪地球已經數十年了。

這則陰謀論的普及程度甚至進入了主流。雖然這種說法很容易被斥為無稽之談，但究竟其中是否有幾分事實？地球附近真的可能有外星生物活動嗎？目前沒有答案。然而美國哈佛大學天文學家亞伯拉罕・「阿維」・勒布教授（Abraham "Avi" Loeb）的伽利略計畫（Galileo Project）旨在替這個謎底找到答案。

「不明飛行物」（UFO）現在已經重新命名為「不明空中現象」（UAP）。為了駁斥各種陰謀論，美國國家情報總監辦公室（ODNI）在 2021 年釋出一份報告，裡頭詳細記載了該單位持續在調查的 UAP。

根據報告，他們於 2004 至 2021 年期間收到了 144 起 UAP 的通報，多數通報者為軍方人員。由於實際資料有限，導致分析困難，因此能得出的結論相當有限。而這是勒布想要幫上忙的地方，「我覺得政府人員有點無所適從，畢竟他們不是科學家，不懂如何解讀資料。我認為我們應該放下偏見和立場，好好調查，努力收集更多優良的資料才是最科學的方法跟做法。」

據伽利略計畫網站（bit.ly/GalileoProject）所說，計畫宗旨在於將人們對於外星科技跡象的意外發現或觀察轉換成「透

明、系統性、求證過的主流科學研究」。為了蒐集這樣的資料，計畫團隊在美國哈佛大學搭建了一座特別的觀景台，它能監測整個天空，記錄所有掠過天際的事物。勒布說，訣竅在於讓望遠鏡能跟上高速移動的物體，因為天文望遠鏡一般用來觀測遙遠的宇宙時，不需要具備快速追蹤的功能。

早在 2017 年，天文學家發現那顆不尋常的小行星斥候星（Oumuamua）時，勒布便開始研究這些星際訪客。當年斥候星被發現時，已經在離開太陽系的路途上，之所以不尋常是因為它外型呈現圓柱狀，而非一般行星的馬鈴薯狀，並且以越來越快的速度遠離太陽系，無法按照常規重力理論解釋。

勒布正在努力拓展人類
搜尋外星生命的界線。

　　多數天文學家認為斥候星一定像是流星般釋放了氣體，以利它加速前行。不過勒布認為這個現象同樣可能出現在外星生物的航艦。他還發現了另一個巧合。在斥候星位置最接近地球的六個月前，有個 1 公尺大小的流星撞擊了地球，流星的速度跟軌道顯示它來自太陽系外的宇宙。雖然流星的軌道跟斥候星沒有關聯，這個事件卻給了他靈感，讓他想到或許外星航艦會透過釋放小型探測器調查路過的星球。他稱這些假設性的探測器為「蒲公英的種子」，並思考這個現象是否符合國家監察辦公室 2021 年報告所敘述的 UAP。

　　144 則通報中，有 21 則提到了不尋常的移動現象。移動現象的速度通常極為快速，然而勒布和美國五角大廈「全領域異常現象解決辦公室」（AARO）處長蕭恩・克帕特里克博士（Sean M. Kirkpatrick）共同在初稿論文裡指出，在空中高速移動會產生光學火球，就像流星穿過大氣層時會燃燒一樣。他們認為沒有火球可能代表物體比想像中更接近觀察者，也因此應

斥候星絕非「泛泛行星」。

該更小、移動速度更慢。但在進一步確認之前，必須先取得更優質的資料，也凸顯了密集監測的重要性。

麥克‧蓋瑞教授（Michael Garrett）是英國曼徹斯特大學卓瑞爾河岸天文台的無線電天文學家，也是國際宇航科學院（IAA）搜尋地外生命計畫（SETI）常任委員會的副會長。由於「不明飛行物體學」和「外星智慧探詢」兩個領域通常井水不犯河水，因此他視伽利略計畫為銜接兩個領域的重要橋樑。

雖然這兩個領域在科學界中向來受到質疑、揶揄和嘲笑，「外星智慧探詢」卻已經漸漸成為一門有公信力的探索領域。在 SETI 裡，無線電天文學家利用望遠鏡聆聽任何經過地球的外星訊號。「如果宇宙裡真的有外星生物，而且存在已久，那我也必須承認有外星生物拜訪地球的可能性。我沒辦法想像銀河系另一頭有外星生物，卻不肯承認他有造訪地球的可能性。這兩件事相互牴觸，也不符合邏輯。」蓋瑞說。

勒布的觀景台首批樣本資料已於 2023 年 5 月出爐。然而，這項計畫目前使用的資料只有在哈佛一地，如果要做進一步研究，勢必要取得更多資料。他的團隊正在美國其他地區興建觀景台。如果團隊有幸募到數千萬美金的必要資金，屆時他們將在世界各地設置觀景台。

勒布表示，「這就像將我們監測的物體數量瞬間乘上數倍。為了追根究柢，我們必須擁有足夠的地點、獲得夠多的優良資料，以便釐清是否有任何自然或人造物以外的東西。」（王姿云譯）

史都華‧克拉克 Stuart Clark
天文學家、科學記者兼作家

EARTH 026

BBC 專家為你解答全球新聞背後的科學

作　　　者	《BBC 知識》國際中文版
譯　　　者	吳侑達、陳毅澂、黃妤萱、常靖等
編　　　輯	洪文樺
總　編　輯	辜雅穗
總　經　理	黃淑貞
發　行　人	何飛鵬
法 律 顧 問	台英國際商務法律事務所　羅明通律師
出　　　版	紅樹林出版
	臺北市中山區民生東路二段 141 號 7 樓
	電話 (02) 2500-7008　傳真 (02) 2500-2648
發　　　行	英屬蓋曼群島商家庭傳媒股份有限公司城邦分公司
	台北市中山區民生東路二段 141 號 B1
	書虫客服專線 (02) 25007718‧(02) 25007719
	24 小時傳真專線 (02) 25001990‧(02) 25001991
	服務時間：週一至週五 09:30-12:00‧13:30-17:00
	郵撥帳號：19863813 戶名：書虫股份有限公司
	讀者服務信箱 email：service@readingclub.com.tw
	城邦讀書花園：www.cite.com.tw
香港發行所	城邦（香港）出版集團有限公司
	香港灣仔駱克道 193 號東超商業中心 1 樓
	email：hkcite@biznetvigator.com
	電話 (852) 25086231　傳真 (852) 25789337
馬新發行所	城邦（馬新）出版集團 Cité(M)Sdn. Bhd.
	41, Jalan Radin Anum, Bandar Baru Sri Petaling,
	57000 Kuala Lumpur, Malaysia.
	電話 (603) 90578822　傳真 (603) 90576622
	email：cite@cite.com.my
封 面 設 計	葉若蒂
印　　　刷	卡樂彩色製版印刷有限公司
內 頁 排 版	葉若蒂
經　銷　商	聯合發行股份有限公司
	客服專線：(02)29178022 傳真：(02)29158614

2023 年（民 112）10 月初版
Printed in Taiwan
定價 430 元
著作權所有‧翻印必究
ISBN 978-626-97418-4-7

BBC Worldwide UK Publishing
Director of Editorial Governance　Nicholas Brett
Publishing Director　Chris Kerwin
Publishing Coordinator　Eva Abramik
UK.Publishing@bbc.com
www.bbcworldwide.com/uk--anz/ukpublishing.aspx

Immediate Media Co Ltd
Chairman　Stephen Alexander
Deputy Chairman　Peter Phippen
CEO　TomBureau
Director of International
Licensing and Syndication　Tim Hudson
International Partners Manager　Anna Brown

UK TEAM
Editor　Paul McGuiness
Art Editor　Sheu-Kuie Ho
Picture Editor　Sarah Kennett
Publishing Director　Andrew Davies
Managing Director　Andy Marshall

BBC Knowledge magazine is published by Cite Publishing
Ltd., under licence from BBC Worldwide Limited, 101 Wood
Lane, London W12 7FA.
The Knowledge logo and the BBC Blocks are the trade
marks of the British Broadcasting Corporation. Used under
licence. (C) Immediate Media Company Limited. All rights
reserved. Reproduction in whole or part prohibited without
permission.

國家圖書館出版品預行編目 (CIP) 資料

BBC 專家為你解答全球新聞背後的科學／《BBC 知識
》國際中文版作；吳侑達,陳毅澂,黃妤萱,常靖譯 --
初版 .-- 臺北市：紅樹林出版：英屬蓋曼群島商家庭傳
媒股份有限公司城邦分公司發行 , 民 112.10
　面；　公分 .-- (Earth；26)
ISBN 978-626-97418-4-7(平裝)

1.CST: 科學 2.CST: 保健常識 3.CST: 社會心理學 4.CST: 問
題集

302.2　　　　　　　　　　　　　112015316